全国一级建造师执业资格考试辅导用书·通关题库宝典

建筑工程管理与实务

中业教育建造师命题研究中心　编

主编　刘　洋
编委　金　亮　初建新　缴广才　张大燕　郁蒙蒙
主审　杨国斌

U0337436

煤 炭 工 业 出 版 社

·北　京·

图书在版编目（CIP）数据

建筑工程管理与实务：通关题库宝典/中业教育建造
师命题研究中心编．－－北京：煤炭工业出版社，2017
全国一级建造师执业资格考试辅导用书
ISBN 978-7-5020-5790-9

Ⅰ.①建… Ⅱ.①中… Ⅲ.①建筑工程—施工管理—
资格考试—习题集 Ⅳ.①TU71-44

中国版本图书馆 CIP 数据核字（2017）第 077034 号

建筑工程管理与实务

（全国一级建造师执业资格考试辅导用书 通关题库宝典）

编 者	中业教育建造师命题研究中心
责任编辑	唐小磊 赵 冰
责任校对	邢蕾严
封面设计	王 滨

出版发行 煤炭工业出版社（北京市朝阳区芍药居 35 号 100029）
电 话 010-84657898（总编室）
 010-64018321（发行部） 010-84657880（读者服务部）
电子信箱 cciph612@126.com
网 址 www.cciph.com.cn
印 刷 北京玥实印刷有限公司
经 销 全国新华书店

开 本 787mm×1092mm$\frac{1}{16}$ 印张 $8\frac{3}{4}$ 字数 196 千字
版 次 2017 年 5 月第 1 版 2017 年 5 月第 1 次印刷
社内编号 8653 定价 35.00 元

版权所有 违者必究

本书如有缺页、倒页、脱页等质量问题，本社负责调换，电话:010-84657880

考 生 必 读

　　《通关题库宝典》由中业教育建造师命题研究中心倾力打造。中业教育建造师命题研究中心由行业名师、专职考霸讲师两套团队共60余名专业讲师组成。行业名师授课经验丰富，对历年考试命题规律把握相对准确；专职考霸讲师经历过苦读备考过程，深知考生在复习过程中的痛苦——看不进书、工作忙、听课走神、知识点记不住、题不会做、应考能力差、备考信心阶段性受挫等。两组老师对每一个考点、每一道题目都反复研究揣摩，确保考生在听课中能够了解重要考点，更能够听懂、记住、会答。名师与考霸的完美搭档，已连续三年受到广大考生的称赞和追捧，形成中业教育独有的授课核心竞争力。《通关题库宝典》也是在这种背景下产生的。

　　考生在复习做题环节往往会进入两种误区：一种是看书看不进去即做题，但是做了就错，就再也不敢碰题目，导致对自己的复习效果评价不准确；另一种是为了做题而做题，做对了很满足，做错了也不会去深究做错的原因和考察的知识点，导致在错误的地方持续犯错，没掌握的知识自始至终得不到吸收。

　　为了解决这一问题，中业教育倾力推出《通关题库宝典》。本套书每一道题均由中业专职考霸讲师独家解析，告诉你正确的解题思路，理清背后考察的知识点，解决题目变形后易做错的问题，真正避免考生应考过程中"知识点都熟悉，仍然考不过"的尴尬现象。

　　本套书旨在解决考生得分能力欠缺的问题，是一套知识点覆盖面广、考题难度合理、应试效果好的考试宝典。

　　本书包含两部分：章节练习题、历年真题。在编写过程中，命题研究中心成员尽全力争取答案准确、解析完整、分析到位，虽经过多次修改，仍难免出现疏漏，望广大读者提出宝贵意见（意见邮箱：ccedummy@qq.com）。

中业教育建造师命题研究中心

2017 年 4 月

目　次

第 二 部 分

第一部分

章节练习题

1A410000　建筑工程技术

1A411000　建筑结构与构造

1A411010　建筑结构工程的可靠性

一、单项选择题

1. 某受压杆件,在支座不同、其他条件相同的情况下,其临界力最小的支座方式是(　　)。

    A. 两端铰支

    B. 一端固定一端铰支

    C. 两端固定

    D. 一端固定一端自由

扫一扫 看解析

2. 梁的变形主要是 (　　) 引起的。

    A. 弯矩

    B. 剪力

    C. 拉力

    D. 压力

扫一扫 看解析

3. 下列事件中,满足结构安全性功能要求的是 (　　)。

    A. 某建筑物在遇到强烈地震时,虽有局部的损伤,但能保持结构的整体稳定而不发生倒塌

    B. 某厂房在正常使用时,吊车梁因变形过大使吊车无法正常运行

    C. 某游泳馆在正常使用时,水池出现裂缝不能蓄水

    D. 某水下构筑物在正常维护条件下,钢筋受到严重锈蚀,但满足使用年限

扫一扫 看解析

4. 某结构杆件的基本受力形式示意图如下图所示,该杆件的基本受力形式是(　　)。

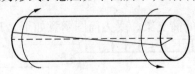

    A. 弯曲

    B. 压缩

    C. 剪切

扫一扫 看解析

D. 扭转

二、多项选择题

5. 建筑结构应具有的功能有（　　　）。

    A. 安全性

    B. 舒适性

    C. 适用性

    D. 耐久性

    E. 美观性

扫一扫 看解析

1A411020　建筑结构平衡的技术

一、单项选择题

1. 某构件受力简图如下图所示，则点 O 的力矩 m_O 为（　　　）。

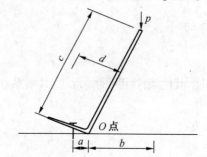

扫一扫 看解析

    A. pa

    B. pb

    C. pc

    D. pd

2. 有一简支梁，受集中力如下图所示，则支座 A 的反力 R_A 为（　　　）kN。

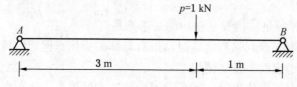

扫一扫 看解析

    A. 1

    B. 3/4

    C. 1/2

    D. 1/4

3. 某受均布线荷载作用的简支梁，受力简图示意如下，其剪力图形状为（　　　）。

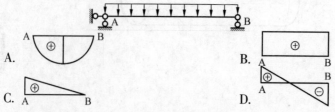

扫一扫 看解析

— 2 —

4. 在非地震区，最有利于抵抗风荷载作用的高层建筑平面形状是（　　）。

    A. 圆形

    B. 正方形

    C. 十字形

    D. 菱形

扫一扫 看解析

5. 下列关于剪力墙结构的特点说法，错误的是（　　）。

    A. 侧向刚度大，水平荷载作用下侧移小

    B. 剪力墙的间距小，结构建筑平面布置不灵活，不适用于大空间的公共建筑

    C. 剪力墙一般为钢筋混凝土墙，厚度不小于 160 mm。剪力墙的墙段长度不宜大于 8 m

    D. 在 300 m 高度范围内都可以适用

扫一扫 看解析

6. 地震力大小与建筑质量（　　）。

    A. 成正比

    B. 成反比

    C. 相等

    D. 没有联系

扫一扫 看解析

7. 为控制装修对建筑结构的影响，正确的做法有（　　）。

    A. 装修时能自行改变原来的建筑使用功能

    B. 新的装修构造做法产生的荷载值能超过原有楼面结构荷载设计值

    C. 如果实在需要，经原设计单位的书面有效文件许可，可在原有承重结构构件上开洞凿孔

    D. 装修时可以自行拆除任何承重构件

扫一扫 看解析

8. 房屋建筑筒中筒结构的内筒，一般由（　　）组成。

    A. 电梯间和设备间

    B. 楼梯间和卫生间

    C. 设备间和卫生间

    D. 电梯间和楼梯间

扫一扫 看解析

9. 关于框架 – 剪力墙结构说法错误的是（　　）。

    A. 剪刀墙主要承受水平荷载

    B. 框架主要承受竖向荷载

    C. 适用于不超过 170 m 高的建筑

    D. 剪力墙与框架的变形均为弯曲型变形

扫一扫 看解析

二、多项选择题

10. 剪力墙结构的优缺点说法正确的是（　　）。

    A. 侧向刚度大，水平荷载作用下侧移小

    B. 剪力墙的间距小

    C. 结构建筑平面布置灵活

    D. 结构自重较大

扫一扫 看解析

E. 适用于大空间的建筑

11. 剪力墙按受力特点可分为（　　　）。

A. 整体墙

B. 小开口整体墙

C. 大开口整体墙

D. 双肢剪力墙

E. 多肢剪刀墙

扫一扫 看解析

12. 下列荷载中，属于可变荷载的有（　　　）。

A. 雪荷载

B. 结构自重

C. 基础沉降

D. 安装荷载

E. 吊车荷载

扫一扫 看解析

1A411030　建筑结构构造要求

一、单项选择题

1. 均布荷载作用下，连续梁弯矩分布特点是（　　　）。

A. 跨中正弯矩，支座负弯矩

B. 跨中正弯矩，支座零弯矩

C. 跨中负弯矩，支座正弯矩

D. 跨中负弯矩，支座零弯矩

扫一扫 看解析

2. 基础部分必须断开的是（　　　）。

A. 伸缩缝

B. 温度缝

C. 沉降缝

D. 施工缝

扫一扫 看解析

3. 关于钢筋混凝土框架结构震害严重程度的说法，错误的是（　　　）。

A. 柱的震害重于梁

B. 角柱的震害重于内柱

C. 短柱的震害重于一般柱

D. 柱底的震害重于柱顶

扫一扫 看解析

4. 楼梯踏步最小宽度不应小于 0.28 m 的是（　　　）的楼梯。

A. 幼儿园

B. 医院

C. 住宅套内

D. 专用疏散

扫一扫 看解析

5. 房间进行涂饰装修，必须使用耐水腻子的是（　　　）。

A. 起居室

B. 餐厅

扫一扫 看解析

C. 卫生间

D. 书房

6. 悬挑空调板的受力钢筋应分布置在板的（　　）。

    A. 上部

    B. 中部

    C. 底部

    D. 端部

扫一扫 看解析

7. 楼梯间疏散门要求使用乙级防火门，其耐火极限是（　　）h。

    A. 1.5

    B. 1.0

    C. 0.5

    D. 0.3

扫一扫 看解析

二、多项选择题

8. 加强多层砌体结构房屋抵抗地震力的构造措施有（　　）。

    A. 提高砌体材料的强度

    B. 增大楼面结构厚度

    C. 设置钢筋混凝土构造柱

    D. 加强楼梯间的整体性

    E. 设置钢筋混凝土圈梁与构造柱连接起来

扫一扫 看解析

9. 影响梁的斜截面受力性能的主要因素有（　　）。

    A. 剪跨比和高跨比

    B. 混凝土的强度等级

    C. 箍筋和弯起钢筋的数量

    D. 截面所受弯矩和剪力

    E. 截面的形状

扫一扫 看解析

10. 影响砖砌体抗压强度的主要因素有（　　）。

    A. 砖砌体的截面尺寸

    B. 砖的强度等级

    C. 砂浆的强度及厚度

    D. 砖的截面尺寸

    E. 操作人员的技术水平

扫一扫 看解析

11. 砌体结构工程中，墙体的主要构造措施有（　　）。

    A. 伸缩缝

    B. 剪力墙

    C. 沉降缝

    D. 圈梁

    E. 防震缝

扫一扫 看解析

12. 下列关于有明显流幅的钢筋特点说法正确的是（　　）。

    A. 含碳量少

B. 含碳量多

C. 塑性好

D. 塑性差

E. 延伸率大

13. 关于墙身水平防潮层设置位置的要求有（　　）。

A. 高于室外地坪

B. 位于室内地层密实材料垫层中部

C. 室内地坪以下 60 mm 处

D. 低于室外地坪

E. 室内地坪以下 120 mm 处

扫一扫 看解析

14. 建筑装修材料连接与固定的主要方式有（　　）。

A. 粘结法

B. 机械固定法

C. 焊接法

D. 悬挂法

E. 附着法

扫一扫 看解析

15. 下列地面面层中，属于整体面层的是（　　）。

A. 水磨石面层

B. 花岗石面层

C. 大理石面层

D. 实木地板面层

E. 水泥砂浆面层

扫一扫 看解析

1A412000　建筑工程材料

1A412010　常用建筑结构材料的技术性能与应用

一、单项选择题

1. 根据《通用硅酸盐水泥》国家标准第 2 号修改单（GB 175—2007/XG2—2015），关于六大常用水泥凝结时间的说法，正确的是（　　）。

A. 初凝时间均不得短于 40 min

B. 硅酸盐水泥的终凝时间不得长于 6.5 h

C. 普通硅酸盐水泥的终凝时间不得长于 6.5 h

D. 除硅酸盐水泥外，其他五类常用水泥的终凝时间不得长于 12 h

扫一扫 看解析

2. 配制厚大体积的普通混凝土不宜选用（　　）水泥。

A. 矿渣

B. 粉煤灰

C. 复合

D. 硅酸盐

扫一扫 看解析

3. 有抗渗要求的混凝土应优先选用（　　）。

A. 硅酸盐水泥

B. 矿渣水泥

C. 火山灰水泥

D. 复合水泥

扫一扫 看解析

4. 有抗震要求的带肋钢筋，其最大力下总伸长率不小于 （   ）% 。

A. 7

B. 8

C. 9

D. 10

扫一扫 看解析

5. 结构设计中钢材强度的取值依据是 （   ）。

A. 比例极限

B. 弹性极限

C. 屈服强度

D. 强度极限

扫一扫 看解析

6. 下列钢材化学成分中，属于碳素钢中的有害元素有 （   ）。

A. 碳

B. 硅

C. 锰

D. 磷

扫一扫 看解析

7. 混凝土试件标准养护的条件是 （   ）。

A. 温度 （20±2）℃，相对湿度 95% 以上

B. 温度 （20±2）℃，相对湿度 90% 以上

C. 温度 （20±3）℃，相对湿度 95% 以上

D. 温度 （20±3）℃，相对湿度 90% 以上

扫一扫 看解析

8. 下列混凝土拌合物性能中，不属于和易性含义的是 （   ）。

A. 流动性

B. 黏聚性

C. 耐久性

D. 保水性

扫一扫 看解析

9. 影响混凝土和易性的最主要因素是 （   ）。

A. 单位体积用水量

B. 砂率

C. 时间

D. 温度

扫一扫 看解析

10. 用于居住房屋建筑中的混凝土外加剂，不得含有 （   ）成分。

A. 木质素磺酸钙

B. 硫酸盐

C. 尿素

D. 亚硝酸盐

扫一扫 看解析

11. 在工程应用中，钢筋的塑性指标通常用（　　）表示。

    A. 抗拉强度

    B. 屈服强度

    C. 强屈比

    D. 伸长率

扫一扫 看解析

12. 代号为 P·O 的通用硅酸盐水泥是（　　）。

    A. 硅酸盐水泥

    B. 普通硅酸盐水泥

    C. 粉煤灰硅酸盐水泥

    D. 复合硅酸盐水泥

扫一扫 看解析

二、多项选择题

13. 下列钢筋性能中，属于工艺性能的有（　　）。

    A. 拉伸性能

    B. 冲击性能

    C. 疲劳性能

    D. 弯曲性能

    E. 焊接性能

扫一扫 看解析

14. 下列钢材包含的化学元素中其含量增加会使钢材强度提高，但塑性下降的有（　　）。

    A. 碳

    B. 硅

    C. 锰

    D. 磷

    E. 氮

扫一扫 看解析

15. 混凝土的耐久性包括（　　）。

    A. 抗冻性

    B. 碳化

    C. 抗渗性

    D. 抗侵蚀性

    E. 和易性

扫一扫 看解析

16. 下列影响混凝土强度的因素中，属于生产工艺方面的因素有（　　）。

    A. 水泥强度和水灰比

    B. 搅拌和振捣

    C. 养护的温度和湿度

    D. 龄期

    E. 骨料的质量和数量

扫一扫 看解析

17. 关于混凝土表面碳化的说法，正确的有（　　）。

    A. 降低了混凝土的碱度

    B. 削弱了混凝土对钢筋的保护作用

    C. 增大了混凝土表面的抗压强度

扫一扫 看解析

  D. 增大了混凝土表面的抗拉强度

  E. 降低了混凝土的抗折强度

18. 混凝土的非荷载变形包括（ ）。

  A. 化学收缩

  B. 碳化收缩

  C. 干湿变形

  D. 温度变形

  E. 徐变

19. 通常用于调节混凝土凝结时间、硬化性能的混凝土外加剂有（ ）。

  A. 缓凝剂

  B. 早强剂

  C. 膨胀剂

  D. 速凝剂

  E. 引气剂

20. 缓凝剂主要用于（ ）。

  A. 高温季节混凝土

  B. 泵送混凝土

  C. 冬季施工混凝土

  D. 大体积混凝土

  E. 远距离运输的商品混凝土

21. 关于石灰的技术性质的说法，正确的有（ ）。

  A. 保水性好

  B. 硬化较快、强度高

  C. 耐水性好

  D. 硬化时体积收缩大

  E. 生石灰吸湿性强

22. 建筑石膏的特性包括（ ）。

  A. 耐水性和抗冻性差

  B. 凝结硬化快

  C. 防火性好

  D. 硬化后体积稳定

  E. 硬化后孔隙率高

1A412020 建筑装饰装修材料的特性与应用

一、单项选择题

1. 天然大理石饰面板材不宜用于室内（ ）。

  A. 墙面

  B. 大堂地面

  C. 柱面

D. 服务台面

2. 由湿胀引起的木材变形情况是（　　　）。

    A. 翘曲

    B. 开裂

    C. 鼓凸

    D. 接榫松动

扫一扫 看解析

3. 关于普通平板玻璃特性的说法，正确的是（　　　）。

    A. 热稳定性好

    B. 热稳定性差

    C. 防火性能好

    D. 抗拉强度高于抗压强度

扫一扫 看解析

4. （　　　）可用于水下工程。

    A. 钢化玻璃

    B. 夹丝玻璃

    C. 夹层玻璃

    D. 中空玻璃

扫一扫 看解析

5. 具有单向透视性的玻璃是（　　　）。

    A. 中空玻璃

    B. 夹丝玻璃

    C. 夹层玻璃

    D. 阳光控制镀膜玻璃

扫一扫 看解析

6. 下列各项中，具有较高的强度，韧性好、无毒，其长期工作水温为 90 ℃ 左右，最高使用温度可达 110 ℃，易燃，热胀系数大，但价格高等特点的是（　　　）。

    A. PB 管

    B. PEX 管

    C. PVC – C 管

    D. PVC – U 管

扫一扫 看解析

7. 硬聚氯乙烯（PVC – U）管不可应用于（　　　）。

    A. 给水管道（非饮用水）

    B. 排水管道

    C. 饮用水管道

    D. 雨水管道

扫一扫 看解析

8. 木材的干缩、湿胀变形在各个方向上有所不同，变形量从小到大依次是（　　　）。

    A. 顺纹、径向、弦向

    B. 径向、顺纹、弦向

    C. 径向、弦向、顺纹

    D. 弦向、径向、顺纹

扫一扫 看解析

二、多项选择题

9. 关于中空玻璃特性的说法，正确的有（　　　）。

A. 光学性能良好

B. 防盗抢性好

C. 降低能耗

D. 防结露

E. 隔声性能良好

1A412030 建筑功能材料的特性与应用

一、单项选择题

1. 防水卷材的机械力学性能常用（　　）表示。

A. 抗渗透性、拉力、拉伸强度、耐热性

B. 拉力、拉伸强度和断裂伸长率

C. 耐热性、抗渗透性、断裂伸长率

D. 耐热性、耐老化性、拉力、拉伸强度

2. 下列建筑密封材料中，属于定型密封材料的是（　　）。

A. 密封膏

B. 密封条

C. 密封胶

D. 密封剂

3. 钢结构薄型防火涂料的厚度最大值是（　　）mm。

A. 3

B. 5

C. 7

D. 45

二、多项选择题

4. 防火涂料应具备的基本功能有（　　）。

A. 隔热

B. 耐污

C. 耐火

D. 阻燃

E. 耐水

1A413000 建筑工程施工技术

1A413010 施工测量技术

一、单项选择题

1. 对施工控制网为轴线形式的建筑场地，最方便的位置放线测量方法是（　　）。

A. 直角坐标法

B. 极坐标法

C. 角度前方交会法

D. 距离交会法

2. A 点高程为 36.05 m，现取 A 点为后视点，B 点为前视点，水准测量，前视点读数为 1.12 m，后视点读数为 1.22 m，则 B 点的高程为（　　）m。

    A. 35.15

    B. 35.95

    C. 36.15

    D. 36.95

扫一扫 看解析

3. 不需要仪器且精度要求较低的点，常用的平面位置测设方法是（　　）。

    A. 直角坐标法

    B. 极坐标法

    C. 角度前方交会法

    D. 距离交会法

扫一扫 看解析

4. 不能测量水平距离的仪器是（　　）。

    A. 水准仪

    B. 经纬仪

    C. 全站仪

    D. 垂准仪

扫一扫 看解析

1A413020　建筑工程土方工程施工技术

一、单项选择题

1. 关于岩土工程性能的说法，正确的是（　　）。

    A. 内摩擦角不是土体的抗剪强度指标

    B. 土体的抗剪强度指标包含有内摩擦力和内聚力

    C. 在土方填筑时，常以土的天然密度控制土的夯实标准

    D. 土的天然含水量对土体边坡稳定没有影响

扫一扫 看解析

2. 工程基坑开挖常用井点回灌技术的主要目的是（　　）。

    A. 避免坑底土体回弹

    B. 避免坑底出现管涌

    C. 减少排水设施，降低施工成本

    D. 防止降水井点对周围建（构）筑物、地下管线的影响

扫一扫 看解析

3. 在基坑验槽时，对于基底以下不可见部位的涂层，要先辅以（　　）配合观察共同完成。

    A. 局部开挖

    B. 钻孔

    C. 钎探

    D. 超声波检测

扫一扫 看解析

4. 基坑验槽前，要求（　　）提供场地内是否有地下管线和相应的地下设施。

    A. 建设单位

B. 勘察单位

C. 设计单位

D. 土方施工单位

扫一扫 看解析

5. 验槽钎探工作在打钎时，每贯入（　　）cm 记录一次锤击数。

A. 20

B. 60

C. 30

D. 50

扫一扫 看解析

6. 基坑验槽中遇持力层明显不均匀时，应在基坑底普遍进行（　　）。

A. 观察

B. 钎探

C. 轻型动力触探

D. 静载试验

扫一扫 看解析

二、多项选择题

7. 下列各项中，属于管井降水的优点的是（　　）。

A. 设备较为简单

B. 排水量大

C. 降水较深

D. 不易于维护

E. 可以代替多组轻型井点作用

扫一扫 看解析

8. 深基坑工程的挖土方案有（　　）。

A. 放坡挖土

B. 中心岛式挖土

C. 盆式挖土

D. 逆作法挖土

E. 直立挖土

扫一扫 看解析

三、案例分析题

【案例一】

背景资料：

某建设单位投资兴建一大型商场，地下 2 层，地上 9 层，钢筋混凝土框架结构，建筑面积为 71500 m^2。经过公开招标，某施工单位中标。

在合同履行过程中，发生了下列事件：

事件：施工总承包单位为加快施工进度，土方采用反铲机械一次开挖至设计标高；租赁了 30 辆特种渣土运输汽车外运土方，在城市道路路面遗撒了大量渣土。

扫一扫 看解析

问题：

1. 分别指出事件中施工单位做法的错误之处，并说明正确做法。

2. 写出验槽时必须具备的资料和条件有哪些。

【案例二】

背景资料：

扫一扫 看解析

某办公楼工程，地下1层，地上12层，总建筑面积26800 m²，筏板基础，框架剪力墙结构。建设单位与某施工总承包单位签订了施工总承包合同，按照合同约定，施工总承包单位将装饰工程分包给了符合资质条件的专业分包单位。

合同履行过程中，发生了下列事件：

事件：基坑开挖完成后，经施工总承包单位申请，监理工程师组织勘察、设计单位的项目负责人和施工总承包单位相关人员等进行验槽。首先，验收小组经检验确认了该基坑不存在空穴、古墓、古井、防空掩体及其他地下埋设物；其次，根据勘察单位项目负责人的建议，验收小组仅核对基坑的位置之后就结束了验槽工作。

问题：

1. 事件中，验槽的组织方式是否妥当？基坑验槽还包括哪些内容？
2. 阐述一下哪些填方土料不能用于回填土以及土方开挖的原则。

1A413030　建筑工程地基处理与基础工程施工技术

一、单项选择题

1. 锤击沉桩法施工，不同规格钢筋混凝土预制桩的沉桩顺序是（　　）。

A. 先大后小，先短后长

B. 先小后大，先长后短

C. 先大后小，先长后短

D. 先小后大，先短后长

扫一扫 看解析

2. 采用锤击沉桩法施工的摩擦桩，主要以（　　）控制其入土深度。

A. 贯入度

B. 持力层

C. 标高

D. 锤击数

扫一扫 看解析

3. 下列桩基施工工艺中，不需要泥浆护壁的是（　　）。

A. 冲击钻成孔灌注桩

B. 回转钻成孔灌注桩

C. 潜水电钻成孔灌注桩

D. 钻孔压浆灌注桩

扫一扫 看解析

4. 人工挖孔灌注桩施工中，应用较广的护壁方法是（　　）。

A. 现浇混凝土护壁

B. 砖砌体护壁

C. 沉井护壁

D. 钢套管护壁

扫一扫 看解析

5. 大体积混凝土保湿养护持续时间不能低于（　　）d。

A. 7

B. 10

C. 14

D. 21

扫一扫 看解析

6. 高层建筑筏形基础和箱形基础长度超过（　　）m 时，宜设置贯通的后浇施工缝（后浇带），后浇带宽不宜小于 80 cm，在后浇施工缝处，钢筋必须贯通。

    A. 10

    B. 20

    C. 30

    D. 40

扫一扫 看解析

二、多项选择题

7. 大体积混凝土施工中温控指标应符合（　　）。

    A. 混凝土入模温度不宜大于 50 ℃

    B. 在覆盖养护或带模养护阶段，混凝土浇筑体表面以内 40～100 mm 位置处的温度与混凝土浇筑体表面温度差值不应大于 30 ℃

    C. 混凝土浇筑体的降温速率不宜大于 2.0 ℃/d

    D. 如有可靠经验，降温速率的要求可适当放宽

    E. 混凝土浇筑体的最大升温值不宜大于 50 ℃

扫一扫 看解析

8. 常见的地基处理方法有（　　）。

    A. 换填地基方法

    B. 夯实地基方法

    C. 挤密桩地基方法

    D. 深层密实地基方法

    E. 钢筋混凝土灌注桩方法

扫一扫 看解析

9. 换填地基法中，下列各项中可用于换填的材料有（　　）。

    A. 生石灰

    B. 碎石

    C. 水泥

    D. 矿渣

    E. 素土

扫一扫 看解析

10. 锤击沉管灌注桩施工方法适用于在（　　）中使用。

    A. 黏性土层

    B. 淤泥层

    C. 密实中粗砂层

    D. 淤泥质土层

    E. 砂砾石层

扫一扫 看解析

11. 大体积混凝土施工过程中，减少或防止出现裂缝的技术措施有（　　）。

    A. 二次振捣

    B. 二次表面抹压

    C. 控制混凝土内部温度的降温速率

    D. 尽快降低混凝土表面温度

    E. 保温保湿养护

12. 强夯地基施工前应检查的项目有（　　）。

A. 落距

B. 夯点位置

C. 夯锤重量

D. 夯锤尺寸

E. 夯击范围

三、案例分析题

【案例一】

背景资料：

某办公楼工程，建筑面积 82000 m²，地下 3 层，地上 20 层，钢筋混凝土框架 – 剪力墙结构。

合同履行过程中，发生了下列事件：

事件：底板混凝土施工中，混凝土浇筑从高处开始，沿短边方向自一端向另一端进行，在混凝土浇筑完 12 h 内对混凝土表面进行保湿养护，养护持续 7 d。带模养护阶段，测温显示混凝土表面以内 80 mm 处的温度为 70 ℃，混凝土表面温度为 35 ℃。

问题：

指出事件中底板大体积混凝土浇筑及养护的不妥之处，并说明正确做法。

1A413040 建筑工程主体结构施工技术

一、单项选择题

1. 跨度为 8 m、混凝土设计强度等级为 C40 的钢筋混凝土简支梁，混凝土强度最少达到（　　）MPa 时才能拆除底模。

A. 28

B. 30

C. 32

D. 34

2. 某跨度 8 m 的混凝土楼板，设计强度等级 C30，模板采用快拆支架体系，支架立杆间距 2 m，拆底模时混凝土的最低强度是（　　）MPa。

A. 15

B. 22.5

C. 25.5

D. 30

3. 某钢筋混凝土现浇板跨度为 7.8 m，其模板是否起拱设计无具体要求，其起拱高度可能为（　　）cm。

A. 0

B. 0.5

C. 1.5

D. 2.5

4. 下列关于钢筋的说法，其中不正确的是（　　）。

A. 钢筋冷弯是考核钢筋的塑性指标，也是钢筋加工所需的。钢筋冷弯性能一般

随着强度等级的提高而降低

B. 钢材的可焊性常用碳当量来估计，可焊性随碳含量百分比的增高而降低

C. 钢筋的延性通常用拉伸试验测得的伸长率表示，钢筋伸长率一般随钢筋（强度）等级的提高而降低

D. 钢筋的化学成分中，硫、碳为有害物质，应严格控制

扫一扫 看解析

5. 冷弯性是反映钢筋（　　）性能的一种指标。

A. 屈服强度

B. 延伸率

C. 塑性

D. 强度

扫一扫 看解析

6. 钢筋配料时，弯起钢筋（不含搭接）的下料长度是（　　）。

A. 直段长度 + 弯钩增加的长度

B. 直段长度 + 斜段长度 + 弯钩增加的长度

C. 直段长度 + 斜段长度 − 弯曲调整值 + 弯钩增加的长度

D. 直段长度 + 斜段长度 + 弯曲调整值 + 弯钩增加的长度

扫一扫 看解析

7. 关于钢筋混凝土结构楼板、次梁与主梁上层钢筋交叉处钢筋安的通常顺序正确的是（　　）。

A. 板的钢筋在下，次梁钢筋居中，主梁钢筋在上

B. 板的钢筋在上，次梁钢筋居中，主梁钢筋在下

C. 板的钢筋居中，次梁钢筋在下，主梁钢筋在上

D. 板的钢筋在下，次梁钢筋在上，主梁钢筋居中

扫一扫 看解析

8. 浇筑混凝土时为避免发生离析现象，对于粗骨料料径小于 25 mm 时，混凝土自高处倾落的自由高度一般不应超过（　　）m。

A. 1

B. 2

C. 3

D. 6

扫一扫 看解析

9. 对已浇筑完毕的混凝土采用自然养护，应在混凝土（　　）开始。

A. 初凝前

B. 终凝前

C. 初凝后

D. 强度达到 1.2 N

扫一扫 看解析

10. 砌筑砂浆的分层度不得大于（　　）mm，确保砂浆具有良好的保水性。

A. 10

B. 20

C. 30

D. 40

11. 钢结构普通螺栓作为永久性连接螺栓使用时，其施工做法错误的是（　　）。

A. 螺母侧垫圈不应多于两个

B. 螺母应和结构件表面的垫圈密贴

C. 因承受动荷载而设计要求放置的弹簧垫圈必须设置在螺母一侧

D. 螺栓紧固度可采用锤击法检查

扫一扫 看解析

12. 建筑工程中，普通螺栓连接钢结构时，其紧固次序应为（　　　）。

A. 从中间开始，对称向两边进行

B. 从两边开始，对称向中间进行

C. 从一边开始，依次向另一边进行

D. 从任意位置开始，无序进行

扫一扫 看解析

13. 关于预应力混凝土楼盖中无黏结预应力筋的张拉顺序表述错误的是（　　　）。

A. 先张拉楼板，后张拉楼面梁

B. 板中预应力筋可依次张拉

C. 梁中的无黏结预应力筋可对称张拉

D. 梁中的无黏结预应力筋可集中张拉

扫一扫 看解析

14. 当曲线无黏结预应力筋长度超过 35 m 时，宜采用（　　　）。

A. 两端张拉

B. 分段张拉

C. 对称张拉

D. 一端张拉

扫一扫 看解析

15. 关于砌筑砂浆机械搅拌时间的说法，正确的是（　　　）。

A. 掺用外加剂的砂浆，不得少于 2 min

B. 水泥粉煤灰砂浆，不得少于 2 min

C. 水泥砂浆，不得少于 2 min

D. 水泥混合砂浆，不得少于 3 min

扫一扫 看解析

二、多项选择题

16. 加气混凝土砌块墙如无切实有效措施，不得使用于（　　　）。

A. 长期处于有振动源环境的墙体

B. 长期浸水部位

C. 建筑物防潮层以上部位

D. 抗震设防烈度 8 度地区的内隔墙

扫一扫 看解析

E. 砌块表面经常处于 80 ℃以上的高温环境

17. 关于钢筋代换的说法，正确的有（　　　）。

A. 当构件配筋受强度控制时，按钢筋代换前后强度相等的原则代换

B. 当构件按最小配筋率配筋时，按钢筋代换前后截面面积相等的原则代换

C. 钢筋代换时应征得设计单位的同意

扫一扫 看解析

D. 当构件受裂缝宽度控制时，代换前后应进行裂缝宽度和挠度验算

E. 同钢号之间的代换按钢筋代换前后用钢量相等的原则代换

18. 关于钢筋连接的说法，正确的有（　　　）。

A. 钢筋连接方法有焊接、机械连接、绑扎连接

B. 钢筋接头位置应设置在受力较小处

C. 直接承受动力荷载的结构构件中，纵向钢筋不宜采用焊接接头

D. 焊接接头试件需要做力学性能检验

E. 受压钢筋直径大于 25 mm，不宜采用绑扎搭接接头

19. 关于主体结构后浇带施工的说法，正确的有（　　）。

A. 设计没有要求时两侧混凝土龄期至少保留 28 d 后再施工

B. 后浇带混凝土养护时间不得少于 7 d

C. 混凝土强度等级不得低于两侧混凝土

D. 混凝土必须采用普通硅酸盐水泥

E. 混凝土可以采用微膨胀混凝土

20. 砖砌体"三一"砌筑法的具体含义是指（　　）。

A. 一个人

B. 一铲灰

C. 一块砖

D. 一揉压

E. 一勾缝

21. 关于钢结构高强度螺栓安装的说法，正确的有（　　）

A. 应从刚度大的部位向约束小的方向进行

B. 应从约束小的方向向刚度较大的部位进行

C. 应从螺栓群中央开始向四周扩展拧紧

D. 应从螺栓群四周开始向中部集中逐个拧紧

E. 同一接头中高强度螺栓的初拧、复拧、终拧应在 24 h 内完成

22. 设有钢筋混凝土构造柱的抗震多层砖房施工，正确的做法有（　　）。

A. 先绑扎构造柱钢筋，而后砌砖墙

B. 沿高度方向每 1000 mm 设一道拉结筋

C. 拉结筋每边伸入砖墙内不少于 500 mm

D. 马牙槎沿高度方向的尺寸不超过 300 mm

E. 马牙槎从每层柱脚开始，应先退后进

1A413050　建筑工程防水工程施工技术

一、单项选择题

1. 屋面卷材防水找平层的排水坡度要求，正确的是（　　）。

A. 平屋面采用结构找坡不应小于 2%

B. 采用材料找坡宜为 2%

C. 天沟、檐沟纵向找坡不应小于 3%

D. 屋面防水应以排为主，以防为辅

2. 立面铺贴防水卷材应采用（　　）。

A. 空铺法

B. 点粘法

C. 条粘法

D. 满粘法

二、多项选择题

3. 下列屋面防水等级和设防要求说法正确的有（　　）。

A. 屋面防水工程应根据建筑物的类别、重要程度、使用功能要求确定防水等级

B. 屋面防水等级分为Ⅰ、Ⅱ、Ⅲ、Ⅳ级

C. 重要建筑设防要求为两道防水设防

D. 一般建筑防设要求为一道防水设防

E. 高层建筑设防要求为两道防水设防

扫一扫 看解析

1A413060　建筑装饰装修工程施工技术

一、单项选择题

1. 关于墙体瓷砖饰面施工工艺顺序的说法，正确的是（　　）。

A. 排砖及弹线→基层处理→抹底层砂浆→浸砖→镶贴面砖→填缝与清理

B. 基层处理→抹底层砂浆→排砖及弹线→浸润基层→镶贴面砖→填缝与清理

C. 基层处理→抹底层砂浆→排砖及弹线→浸砖→镶贴面砖→填缝与清理

D. 抹底层砂浆→排砖及弹线→抹结合层砂浆→浸砖→镶贴面砖→填缝与清理

扫一扫 看解析

2. 关于吊顶施工说法错误的是（　　）。

A. 吊杆长度大于 1500 mm，应设反支撑

B. 制作好的金属吊杆应作防锈处理

C. 吊杆距主龙骨端部距离不得超过 300 mm，否则应增加吊杆

D. 安装双层石膏板时，面层板与基层板的接缝应对齐

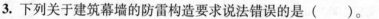

3. 下列关于建筑幕墙的防雷构造要求说法错误的是（　　）。

A. 幕墙的铝合金立柱，在不大于 10 m 范围内宜有一根立柱采用柔性导线，把上柱与下柱的连接处连通

B. 避雷接地一般每五层与均压环连接

C. 有镀膜层的构件上进行防雷连接，应除去其镀膜层

D. 防雷构造连接均应进行隐蔽工程验收

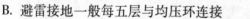

4. 关于吊顶工程的说法，正确的是（　　）。

A. 吊顶工程的木龙骨可不进行防火处理

B. 吊顶检修口可不设附加吊杆

C. 对于不上人的吊顶，吊杆长度小于 1 m 时，可以采用 $\phi6$ mm 的吊杆

D. 安装双层石膏板时，面层板与基层板的接缝应对齐

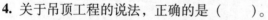

扫一扫 看解析

二、多项选择题

5. 下列抹灰工程的功能中，属于防护功能的有（　　）。

A. 保护墙体不受风、雨侵蚀

B. 增加墙体防潮、防风化能力

C. 提高墙面隔热能力

D. 改善室内卫生条件

E. 提高居住舒适度

6. 饰面板（砖）材料进场时，现场应验收的项目有（　　）。

A. 品种

B. 规格

C. 强度

D. 尺寸

E. 外观

7. 下列关于建筑幕墙防雷构造做法正确的有（　　）。

A. 幕墙的金属框架应与主体结构的防雷体系可靠连接

B. 幕墙的铝合金立柱，应采用柔性导线把上柱与下柱连接处连通

C. 在有镀膜层的构件上进行防雷连接，不应除去镀膜层

D. 防雷连接的钢构件在完成后都应进行防锈油漆

E. 使用不同材料的防雷连接应避免产生双金属腐蚀

8. 下列全玻璃幕墙施工，错误的是（　　）。

A. 钢结构焊接完毕后，立即涂刷防锈漆，然后进行隐蔽工程验收

B. 吊挂玻璃的夹具不得与玻璃直接接触，夹具的衬垫材料与玻璃应平整结合，紧密牢固

C. 不允许在现场打注硅酮结构密封胶

D. 玻璃面板宜采用机械吸盘安装

E. 允许在现场打注硅酮结构密封胶

1A420000　建筑工程项目施工管理

1A420010　项目施工进度控制方法的应用

一、单项选择题

1. 下列流水施工参数中，不属于时间参数的是（　　）。

A. 流水节拍

B. 流水步距

C. 工期

D. 流水强度

2. 下列流水施工的基本组织形式中，其专业工作队数大于施工过程数的是（　　）。

A. 等节奏流水施工

B. 异步距异节奏流水施工

C. 等步距异节奏流水施工

D. 无节奏流水施工

3. 某工程按全等节拍流水组织施工，共分4道施工工序，3个施工段，估计工期为72 d，则其流水节拍应为（　　）d。

扫一扫 看解析

A. 6

B. 9

C. 12

D. 18

4. 在网络计划的执行过程中检查发现，D工作的总时差由2 d变成了–1 d，则说明D工作的实际进度（　　）。

扫一扫 看解析

A. 拖后1 d，影响工期1 d

B. 拖后2 d，影响工期1 d

C. 拖后3 d，影响工期1 d

D. 拖后3 d，影响工期3 d

二、多项选择题

5. 下列参数中，属于流水施工参数的有（　　）。

扫一扫 看解析

A. 技术参数

B. 空间参数

C. 工艺参数

D. 设计参数

E. 时间参数

三、案例分析题

【案例一】

背景资料：

扫一扫 看解析

某大学城工程，包括结构形式与建设规模一致的4栋单体建筑，每栋建筑面积为21000 m²，地下2层，地上11层，层高4.2 m，钢筋混凝土 - 剪力墙结构，A施工单位与建设单位签订了施工总承包合同。合同约定：除主体结构外的其他分部分项工程施工，总承包单位可以自行依法分包，建设单位负责供应油漆等部分材料。

合同履行过程中，发生了下列事件：

事件一：A施工单位拟对4栋单体建筑的某分项工程组织流水施工，其流水施工参数见下表。

施工过程	流水节拍/周			
	单体建筑一	单体建筑二	单体建筑三	单体建筑四
Ⅰ	2	2	2	2
Ⅱ	2	2	2	2
Ⅲ	2	2	2	2

其中：施工顺序 Ⅰ—Ⅱ—Ⅲ，施工过程Ⅱ与施工过程Ⅲ之间存在工艺间隔时间1周。

事件二：由于工期较紧，A施工单位将其中的两栋单体建筑的室内精装修和幕墙工程分包给具备相应资质的 B 施工单位；B 施工单位经 A 施工单位同意后，将其承包范围内的幕墙工程分包给具备相应资质的 C 施工单位组织施工，油漆劳务作业分包给具备相应资质的 D 施工单位组织施工。

事件三：油漆作业完成后，发现油漆成膜存在质量问题，经鉴定，原因是油漆材质不合格，B 施工单位就由此造成返工损失向 A 施工单位提出索赔。A 施工单位以油漆属建设单位提供为由，认为 B 施工单位应直接向建设单位提出索赔。建设单位认为油漆进场时已由 A 施工单位进行了质量验证并办理了接收手续，其对油漆的质量责任已经完成，因油漆不合格而返工的损失应由 A 施工单位承担，建设单位拒绝受理该索赔。

问题：

1. 事件一中，最适宜采用何种流水施工组织形式？除此之外，流水施工通常还有哪些基本组织形式？绘制事件一中流水施工进度计划横道图，并计算其流水施工工期。

2. 分别判断事件二中 A 施工单位、B 施工单位、C 施工单位、D 施工单位之间的分包行为是否合法？并逐一说明理由。

3. 分别指出事件三中的错误之处，并说明理由。

【案例二】

背景资料：

合同计划工期为 13 个月，实际工程量和估计工程量一样。

开工 2 个月之后，发生以下事件：

业主检查进度发现，B 工作进度正常，但 A 工作才刚刚开始，导致总

扫一扫 看解析

工期延长 2 个月。为了能按期投产，业主要求承包方加大投入，把损失的工期弥补回来。

关系 \ 工作	A	B	C	D	E	F	G
紧前工作			A	A	BC	D	DE
最短持续时间/月	2	3	2	3	3	2	3
计划持续时间/月	2	4	4	4	4	4	3
赶工费用/(万元·月⁻¹)	无穷大	3	2	4	1	1	无穷大

问题：

1. 按题目条件绘制双代号网络图。

2. 应该压缩哪些工作以满足按期完工？

3. 应该补偿赶工增加的费用为多少？

【案例三】

背景资料：

某工程施工单位向项目监理机构提交了项目施工总进度计划（图 1）和各分部工程的施工进度计划。项目监理机构建立了各分部工程的持续时间延长的风险等级划分图和风险分析表，要求施工单位对风险等级在"大"和"很大"范围内的分部工程均要制定相应的风险预防措施。

扫一扫 看解析

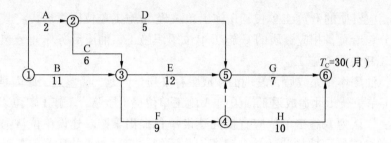

图 1　项目施工总进度计划

施工单位为了保证工期，决定对 B 分部工程施工进度计划横道图进行调整，组织加快的成倍节拍流水施工。施工进度计划横道图如图 2 所示。

施工过程	施工进度（月）										
	1	2	3	4	5	6	7	8	9	10	11
甲	①		②		③						
乙					①	②	③				
丙						①		②		③	

图 2　施工进度计划横道图

问题：

1. 找出项目施工总进度计划（图 1）的关键线路。

2. 分别指出风险等级为"大"和"很大"的分部工程有哪些。

3. B 分部工程组织加快的成倍节拍流水施工后，流水步距为多少个月？各施工过程应分别安排几个工作队？B 分部工程的流水施工工期为多少个月？绘制 B 分部工程调整后的流水施工进度计划横道图。

【案例四】

背景资料：

某高校新建新校区，包括办公楼、教学楼、科研中心、后勤服务楼、学生宿舍等多个单体建筑，由某建筑工程公司进行该群体工程的施工建设。其中，科研中心工程为现浇钢筋混凝土框架结构，地下 2 层，地上 10 层。结构设计图纸说明中规定地下室的后浇带按照相关方案实施。该工程项目的施工进度网络计划如下图所示。

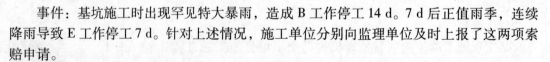

扫一扫 看解析

事件：基坑施工时出现罕见特大暴雨，造成 B 工作停工 14 d。7 d 后正值雨季，连续降雨导致 E 工作停工 7 d。针对上述情况，施工单位分别向监理单位及时上报了这两项索赔申请。

问题：

1. 指出该网络计划的关键线路（用节点表示）。

2. 分别判断事件中两项索赔是否成立，并写出相应理由。

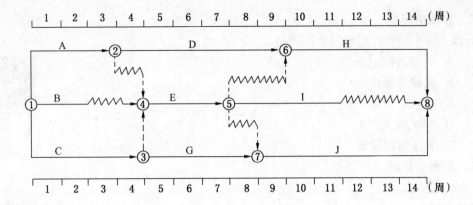

1A420020 项目施工进度计划的编制与控制

一、单项选择题

1. 进度计划调整最常用的方法是（　　）。

    A. 调整关键工作

    B. 调整非关键工作

    C. 调整总时差最长的工作

    D. 资源的调整

扫一扫 看解析

二、多项选择题

2. 下列进度计划中，宜优先采用网络图表示的有（　　）。

    A. 施工总进度计划

    B. 小型单位工程施工进度计划

    C. 特大型单位工程施工进度计划

    D. 工序复杂的工程施工进度计划

    E. 中小型单位工程施工进度计划

扫一扫 看解析

1A420030 项目质量计划管理

一、单项选择题

1. 项目质量管理程序的第一步是（　　）。

    A. 收集分析质量信息并制定预防措施

    B. 编制项目质量计划

    C. 明确项目质量目标

    D. 实施项目质量计划

扫一扫 看解析

2. 施工项目质量计划应由（　　）组织编写。

    A. 项目总工

    B. 公司质量负责人

    C. 项目经理

    D. 公司技术负责人

扫一扫 看解析

二、多项选择题

3. 以下属于质量计划编制依据的是（　　）。

  A. 质量验收记录

  B. 质量管理体系

  C. 承包合同

  D. 专项施工方案

  E. 施工组织设计

扫一扫 看解析

三、案例分析题

【案例一】

背景资料：

某建筑施工总承包特级企业 A 公司中标一大型商务写字楼工程，该工程地下 5 层，地上 86 层，结构为钢结构－混凝土混合结构。

施工过程中，发生如下事件：

事件一：监理单位要求中标单位上报施工项目质量计划，施工单位项目总工程师依据业主对于工程质量创优的要求，召集项目全体技术、质量等有关管理人员，编制了该项目的质量计划。

事件二：该工程质量计划包含以下内容：①编制依据；②项目概况；③质量目标和要求；④质量管理组织和职责；⑤人员、技术、施工机具等资源的需求和配置。监理单位认为质量计划内容严重缺项，要求整改。

扫一扫 看解析

问题：

1. 指出事件一中不妥之处，并分别说明理由。

2. 事件二中，项目质量计划还应有哪些内容（补充任意 5 条即可）。

1A420040　项目材料质量控制

一、单项选择题

1. 有抗震设防要求的框架结构的纵向受力钢筋抗拉强度实测值与屈服强度实测值之比不应小于（　　）。

  A. 1

  B. 1. 25

  C. 1. 3

  D. 1. 35

扫一扫 看解析

2. 下列关于项目的见证取样和送检制度的说法中正确的有（　　）。

  A. 送检的检测试样必须从现场外随机取样

  B. 由现场的施工人员在现场取样后送至实验室试验

  C. 项目应实行见证取样和送检制度

  D. 见证人对试样的代表性和真实性不承担任何法律责任

二、多项选择题

3. 建筑材料质量控制的主要过程有（　　）。

  A. 采购

B. 检验

C. 保管

D. 使用

E. 保修

扫一扫 看解析

三、案例分析题

【案例一】

背景资料：

某学校活动中心工程，现浇钢筋混凝土框架结构，会议厅框架柱柱间距为 8 m×8 m，地下 2 层，地上 6 层，采用自然通风。

在施工过程中，发生了下列事件：

事件一：主体结构施工过程中，施工单位对进场的钢筋按国家现行有关标准抽样检验了抗拉强度、屈服强度、结构施工，至 4 层时，施工单位进场一批 72 t 18 螺纹钢筋，在此前因同厂家、同牌号的该规格钢筋已连续 3 次进场检验均一次检验合格，施工单位对此批钢筋仅抽取一组试件送检，监理工程师认为取样组数不足。

事件二：大会议厅屋顶梁板模板支设时，框架梁起拱设计无明确要求，施工单位根据自身经验按 3 cm 起拱。监理工程师在巡视大会议厅钢筋安装过程中，又发现主梁、次梁、楼板交叉处的钢筋摆放上下位置不符合要求，责令整改。

问题：

1. 事件一中，施工单位还应增加哪些钢筋原材检测项目？通常情况下钢筋原材检验批量最大不宜超过多少吨？监理工程师的意见是否正确？并说明理由。

2. 指出事件二中不妥做法，分别给出理由，并写出大会议厅主梁、次梁、楼板交叉处钢筋正确的摆放位置。

【案例二】

背景资料：

某办公楼工程，建筑面积 24000 m²，基础为筏板式基础，上部结构为现浇混凝土框架结构，地下 3 层，地上 15 层，基础埋深 8.4 m。

扫一扫 看解析

施工过程中，发生了以下事件：

事件一：基坑由挖掘机直接开挖到设计标高后，发现有部分软弱下卧层，于是施工单位针对此问题制定了处理方案并进行了处理。

事件二：软弱下卧层处理完后，施工单位、监理单位共同对基坑进行了验槽。

问题：

1. 本工程基坑部分哪些分项工程属于超过一定规模的危险性较大的分部分项工程？说明理由。

2. 事件一中有哪些不妥之处？分别说明理由。

3. 事件二中，工程验槽的做法是否妥当？并说明理由。

1A420050 项目施工质量管理

一、单项选择题

1. 检查屋面是否有渗漏、积水和排水系统是否畅通，应在雨后或持续淋水（　　）h

后进行。

    A. 2

    B. 6

    C. 12

    D. 24

二、多项选择题

2. 钢筋混凝土实体检测包含（   ）项目。

    A. 组成材料的合格证及复试报告

    B. 现场同条件混凝土试件强度试验报告

    C. 混凝土强度

    D. 钢筋保护层厚度

    E. 混凝土养护方法及时间记录

3. 填方施工结束后，工程质量检查的内容有（   ）。

    A. 标高

    B. 边坡坡度

    C. 压实程度

    D. 每层填筑厚度

    E. 排水措施

三、案例分析题

【案例一】

背景资料：

    某装饰公司承接了寒冷地区某商场的室内外装饰工程。其中，室内地面采用地面砖镶贴，吊顶工程部分采用木龙骨，室外部分墙面为铝板幕墙，采用进口硅酮结构密封胶、铝塑复合板，其余外墙为加气混凝土外镶贴陶瓷砖。

    施工过程中，发生如下事件：

    事件：吊顶工程施工准备阶段，施工主管将图纸向施工工长作了详细的图纸工艺要求、质量交底，之后立刻组织班组长及班组人员开始施工。

问题：

    事件中，某装饰公司的做法是否妥当？为什么？

1A420060 项目施工质量验收

一、单项选择题

1. 由（   ）组织地基与基础分部工程验收工作。

    A. 监理工程师

    B. 施工单位项目负责人

    C. 建设单位项目负责人

    D. 设计单位项目负责人

2. 不属于幕墙工程有关安全和功能检测项目的是（   ）。

A. 幕墙的连接强度

B. 硅酮结构胶的相容性试验

C. 幕墙后置埋件的现场拉拔强度

D. 幕墙的抗风压性能

扫一扫 看解析

3. 当建筑工程质量不符合要求时，下列有关验收的说法错误的有（　　）。

    A. 经返工重做检验批，应重新进行验收

    B. 经有资质的检测机构检测鉴定能够达到设计要求的检验批，应予以验收

    C. 通过返修和加固处理仍不能满足安全使用要求的工程，可以放宽条件予以验收

    D. 通过返修和加固处理仍不能满足安全使用要求的工程，严禁验收

扫一扫 看解析

4. 主体结构实体检验应该由（　　）来组织。

    A. 建设单位

    B. 施工单位

    C. 监理单位

    D. 设计单位

扫一扫 看解析

5. 监理单位应直接向（　　）移交监理资料。

    A. 城建档案馆

    B. 建设单位

    C. 施工单位

    D. 监督机构

扫一扫 看解析

二、多项选择题

6. 下列工程质量验收中，属于主体结构子分部工程的有（　　）。

    A. 现浇结构

    B. 砌体结构

    C. 钢结构

    D. 木结构

    E. 装配式结构

扫一扫 看解析

7. 分项工程质量验收合格，应满足的规定有（　　）。

    A. 观感质量验收符合要求

    B. 所含检验批的质量验收记录应完整

    C. 质量控制资料完整

    D. 有关安全及功能的检验和抽样检测结果符合有关规定

    E. 所含检验批的质量均应验收合格

扫一扫 看解析

1A420070　工程质量问题与处理

一、单项选择题

1. 某工程由于质量事故，有 11 人重伤，幸好未有死亡事故，直接经济损失 900 万元，该质量事故属于（　　）。

A. 一般事故

B. 较大事故

C. 重大事故

D. 特别重大事故

二、案例分析题

【案例一】

背景资料：

某建设工程施工过程中，发生了如下事件：

事件一：由于工程质量问题，导致材料库房垮塌，造成 1 人当场死亡，7 人重伤。现场相关人员 10 min 后向工程建设单位负责人报告，建设单位负责人接到事故报告 4 h 后向相关部门报告事故，事故发生后第 7 天和第 32 天分别有 1 人在医院抢救无效死亡，其余 5 人康复出院。

事件二：施工完毕后，发现地下室防水工程施工缝局部存在渗漏水，经过检查发现渗水部位为原施工过程中施工缝位置。

问题：

1. 指出事件一中的不妥之处，并说明理由。该事故属于工程质量事故中的哪个等级，为什么？该事故应该补报死亡人数几人？

2. 分析事件二中防水混凝土施工缝出现渗漏水的原因（至少列出 5 项）。

1A420080　工程安全生产管理

一、单项选择题

1. 不需要专家论证的专项方案，经施工单位审核合格后报监理单位，由项目（　　）签字审核后执行。

A. 工程技术人员

B. 安全总监

C. 总工程师

D. 总监理工程师

二、多项选择题

2. 下列方法中，属于危险源辨识常用的方法有（　　）。

A. 专家调查法

B. 因果分析法

C. 事件树分析法

D. 安全检查表法

E. 故障树分析法

3. 下列分部分项工程中，其专项施工方案必须进行专家论证的有（　　）。

A. 架体高度 28 m 的悬挑脚手架

B. 开挖深度 10 m 的人工挖孔桩

C. 爬升高度 80 m 的爬模

D. 埋深 10 m 的地下暗挖

E. 开挖深度 5 m 的无支护土方开挖工程

三、案例分析题

【案例一】

背景资料：

某新建工程，建筑面积 2800 m²，地下 1 层，地上 6 层，框架结构，建筑总高 28.5 m，建设单位与施工单位签订了施工合同，合同约定项目施工创省级安全文明工地。

扫一扫 看解析

施工过程中，发生了如下事件：

事件一：建设单位组织监理单位、施工单位对工程施工安全进行检查，检查施工单位编制的项目安全措施计划的内容包括管理目标、规章制度、应急准备与响应、教育培训。检查组认为安全措施计划主要内容不全，要求补充。

事件二：检查施工现场工人宿舍室内净高 2.3 m，封闭式窗户，每个房间住 20 名工人，通道宽度小于 0.7 m，检查组认为不符合相关要求，对此下发了整改通知单。

事件三：检查组按《建筑施工安全检查标准》（JGJ 59—2011）对本次安全检查，汇总表得分 68 分。

问题：

1. 事件一中，安全措施计划中还应补充哪些内容？
2. 针对事件二中现场工人宿舍的问题，应如何整改？
3. 建筑施工安全检查评定结论有哪些等级？事件三中的检查结果应评定为哪个等级？

1A420090 工程安全生产检查

一、单项选择题

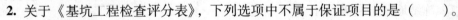

1. 施工现场的定期安全检查应由（　　）组织。

    A. 企业技术或安全负责人

    B. 项目经理

    C. 项目专职安全员

    D. 项目技术负责人

扫一扫 看解析

2. 关于《基坑工程检查评分表》，下列选项中不属于保证项目的是（　　）。

    A. 施工方案

    B. 基坑支护

    C. 基坑降排水

    D. 基坑工程监测

扫一扫 看解析

3. 安全检查的评价结论分为（　　）几个等级。

    A. 好、中、差

    B. 合格、不合格

    C. 优良、合格、不合格

    D. 优良、中、合格、差

4. 查看施工现场安全管理资料和对施工现场进行巡视主要体现了安全检查方法中的（　　）。

A. 听

B. 问

C. 看

D. 运转试验

扫一扫 看解析

1A420100　工程安全生产隐患防范

一、单项选择题

1. 人工挖孔桩施工时桩孔开挖深度超过（　　）m 时，应配置专门向井下送风的设备。

A. 5

B. 8

C. 10

D. 16

扫一扫 看解析

2. 砖砌体工程中可设置脚手眼的墙体或部位是（　　）。

A. 120 mm 厚墙

B. 砌体门窗洞口两侧 450 mm 处

C. 轻质隔墙

D. 宽度为 800 mm 的窗间墙

扫一扫 看解析

3. 对高度在 24 m 以上的双排脚手架，宜采用（　　）与建筑可靠连接。

A. 刚性连墙件

B. 柔性连墙件

C. 刚性或柔性连墙件

D. 顶撑连墙件

扫一扫 看解析

二、多项选择题

4. 对于脚手架及其地基基础，应进行检查和验收的情况有（　　）。

A. 每搭设完 6~8 m 高度后

B. 五级大风天气过后

C. 作业层上施加荷载后

D. 冻结地区土层解冻后

E. 停用 40 d 后

扫一扫 看解析

1A420110　常见安全事故类型及其原因

一、案例分析题

【案例一】

背景资料：

　　某机械厂扩建工程，是一高低联跨的三跨大型机加工车间。2013 年 4 月 14 日上午，屋面压型钢板安装班组 5 名工人在高跨屋面安装压型钢板。在施工中未按要求对压型钢板进行锚固，即向外安装钢板。在安装推动过程中，压型钢板两端用力不均（李某等 3 人在一端，王某等 2 人在另一端），致使钢板一侧突然向外滑移，带动李某等 3 人失稳坠落至地面致重伤，坠落高度约 15 m。

问题：

简要分析造成这起事故的原因。

1A420120　职业健康与环境保护控制

一、单项选择题

1. 在城市市区范围内从事建筑工程施工，项目必须在工程开工（　　）d 以前向工程所在地县级以上地方人民政府环境保护管理部门申报登记。

　　A. 7

　　B. 15

　　C. 30

　　D. 90

扫一扫 看解析

2. 某工程位于市区主要路段，现场设置封闭围挡高度至少（　　）m，才满足相关规定要求。

　　A. 1.8

　　B. 2.0

　　C. 2.5

　　D. 3.0

扫一扫 看解析

二、多项选择题

3. 绿色施工"四节一环保"中的"四节"指（　　）。

　　A. 节地

　　B. 节材

　　C. 节电

　　D. 节水

　　E. 节能

扫一扫 看解析

4. 关于施工现场宿舍管理的说法，正确的有（　　）。

　　A. 必须设置可开启式窗户

　　B. 床铺不得超过 3 层

　　C. 严禁使用通铺

　　D. 每间居住人员不得超过 16 人

　　E. 宿舍内通道宽度不得小于 0.9 m

扫一扫 看解析

三、案例分析题

【案例一】

背景资料：

某施工单位承接了两栋住宅楼，总建筑面积 65000 m²，均为筏板基础（上反梁结构），地下 2 层，地上 30 层。地下结构连通，上部为两个独立单体一字设置，设计形式一致。地下室外墙南北向距离 40 m，东西向距离 120 m。

施工过程中，发生了以下事件：

事件一：项目经理部首先安排了测量人员进行平面控制测量定位，很快提交了测量成果，为工程施工奠定了基础。

扫一扫 看解析

事件二：基坑及土方施工时设置有降水井。项目经理部针对本工程具体情况制定了《×××工程绿色施工方案》，对"四节一环保"提出了具体技术措施，实施中取得了良好效果。

问题：

1. 事件一中，测量人员从进场测设到形成细部放样的平面控制测量成果需要经过哪些主要步骤？

2. 事件二中，结合本工程实际情况，《×××工程绿色施工方案》在节水方面应提出哪些技术要点？

1A420130　造价计算与控制

一、单项选择题

1. 根据《建筑安装工程费用项目组成》，不属于措施费的是（　　）。

　　A. 工程排污费

　　B. 文明施工费

　　C. 环境保护费

　　D. 安全施工费

扫一扫　看解析

二、案例分析题

【案例一】

背景资料：

某大型综合商场工程，建筑面积 49500 m²，地下 1 层，地上 3 层，现浇钢筋混凝土框架结构，建安投资为 22000.00 万元，采用工程量清单计价模式，报价执行《建设工程工程量清单计价规范》（GB 50500—2013），工

扫一扫　看解析

期自 2013 年 8 月 1 日至 2014 年 3 月 31 日，面向全国公开招标，有 6 家施工单位通过了资格预审进行投标。

从工程招投标至竣工决算的过程中，发生了下列事件：

事件：市建委指定了专门的招标代理机构。在投标期限内，先后有 A、B、C 3 家单位对招标文件提出了疑问，建设单位以一对一的形式书面进行了答复。经过评标委员会严格评审，最终确定 E 单位中标。双方签订了施工总承包合同（幕墙工程为专业分包）。

问题：

1. 分别指出事件中的不妥之处，并说明理由。

2. 根据工程项目不同建设阶段，建设工程造价可划分为哪几类？该中标造价属于其中哪一类？

1A420140　工程价款计算与调整

一、单项选择题

1. 某施工单位承包某外资工程项目，甲、乙双方签订的关于工程的价款合同内容有：①建筑安装工程造价 660 万元，建筑材料及设备费占施工产值的比重为 60%；②预付备料款为建筑安装工程造价的 20%，预付款的起扣点按照下式计算，起扣点＝承包工程合同总额－工程预付款数额/主要材料构件所占比重，该工程的预付备料款、起扣点各为（　　）。

A. 79.2 万元, 528 万元

B. 132 万元, 440 万元

C. 396 万元, 0 万元

D. 52.8 万元, 572 万元

二、案例分析题

【案例一】

背景资料:

某豪华酒店工程项目, 18 层框架混凝土结构, 全现浇混凝土楼板, 主体工程已全部完工, 经验收合格。进入装饰装修施工阶段, 该酒店的装饰装修工程由某装饰公司承揽了施工任务, 装饰装修工程施工工期为 150 d, 装饰公司在投标前已领取了全套施工图纸, 该装饰装修工程采用固定总价合同, 合同总价为 720 万元。

问题:

1. 该酒店的装饰装修工程采用固定总价合同是否妥当? 为什么?

2. 建设工程合同按照承包工程计价方式可划分为哪几类?

【案例二】

背景资料:

某建设单位投资兴建一大型商场, 地下 2 层, 地上 9 层, 钢筋混凝土框架结构, 建筑面积为 71500 m²。经过公开招标, 某施工单位中标, 中标造价 25025.00 万元。双方按照《建设工程施工合同(示范文本)》(GF - 2013 -0201)签订了施工总承包合同。合同中约定工程预付款比例为 10%, 并从未完施工工程尚需的主要材料款相当于工程预付款时起扣, 主要材料所占比例按 60% 计。

在合同履行过程中, 发生了下列事件:

事件: 中标造价费用组成为人工费 3000 万元, 材料费 17505 万元, 机械费 995 万元, 管理费 450 万元, 措施项目费用 760 万元, 利润 940 万元, 规费 525 万元, 税金 850 万元。施工总承包单位据此进行了项目施工承包核算等工作。

问题:

1. 分别列式计算本工程项目预付款和预付款的起扣点是多少万元(保留两位小数)。

2. 事件中, 除了施工成本核算、施工成本预测属于成本管理任务外, 成本管理任务还包括哪些工作? 分别列式计算本工程项目的直接成本和间接成本各是多少万元?

1A420150 施工成本控制

一、单项选择题

1. 下面不属于挣值法分析的费用值的是 (　　)

A. 已经完成工作预算成本

B. 未完成工作费用

C. 已经完成工作实际费用

D. 计划完成工作预算成本

2. 建筑工程成本分析方法中最常用的方法是 (　　)。

A. 因素分析法

B. 比较法

C. 比率法

D. 差额分析法

扫一扫 看解析

3. 某混凝土工程，9 月计划工程量为 5000 m^3，计划单价为 400 元/m^3，而 9 月实际完成工程量为 4000 m^3，实单价为 410 元/m^3，则该工程 9 月的进度偏差为（　　）万元。

A. －36

B. 36

C. －40

D. 41

扫一扫 看解析

1A420160　材料管理

本节无练习题。

1A420170　施工机械设备管理

本节无练习题。

1A420180　劳动力管理

一、单项选择题

1. 劳务管理工作内业资料不包括（　　）。

A. 劳务人员统计花名册

B. 安全生产许可证

C. 劳动合同书

D. 身份证

扫一扫 看解析

二、案例分析题

【案例一】

背景资料：

某工程项目通过公开招标的方式，确定了 3 个不同性质的施工单位承担该项工程的全部施工任务。建设单位分别与 A 公司签订了土建施工合同，与 B 公司签订了设备安装合同，与 C 公司签订了电梯安装合同。3 个合同协议中都对甲方提出了一个相同的条款，即建设单位应协调现场其他施工单位，为 3 个公司创造可利用条件。

扫一扫 看解析

合同执行过程中，发生如下事件：

事件：由于 A 公司在现场施工时间拖延 5 d，造成 B 公司的开工时间相应推迟了 5 d，B 公司向 A 公司提出了索赔。

问题：

1. 事件中 B 公司向 A 公司提出索赔是否正确？如果不正确，说明正确的做法。

2. 根据《建设工程质量管理条例》的规定，工程承发包过程中的违法分包行为有哪些？

1A420190 施工招标投标管理

一、单项选择题

1. 以下关于施工项目招标投标的说法，错误的有（ ）。
   - A. 投标有效期从提交投标文件的截止之日起算
   - B. 投标有效期最短不得少于 15 d
   - C. 招标人可以自行选择招标代理机构
   - D. 依法必须进行招标的项目的招标人不得利用划分标段规避招标

扫一扫 看解析

二、多项选择题

2. 下列工程属于必须招标的范围有（ ）。
   - A. 小型基础设施工程
   - B. 联合国粮农组织援助的农村灌溉工程
   - C. 需要采用不可替代的专利工程
   - D. 使用国有资金投资的工程
   - E. 采购人依法能够自行建设的工程

扫一扫 看解析

3. 关于联合体投标的说法，正确的有（ ）。
   - A. 由同一专业的单位组成的联合体，按照资质等级较低的单位确定资质等级
   - B. 由同一专业的单位组成的联合体，按照资质等级较高的单位确定资质等级
   - C. 联合体将共同投标协议连同投标文件一并提交招标人
   - D. 联合体各方应当共同与招标人签订合同
   - E. 两个以上法人可以组成一个联合体，以两个投标的身份共同投标

1A420200 合同管理

一、单项选择题

1. 对于单价合同，下列叙述中错误的是（ ）。
   - A. 适用于合同条款采用 FIDIC 合同条款，业主委托工程师管理的项目
   - B. 单价合同通常指固定单价合同
   - C. 单价合同目前应用不是太多
   - D. 对于设计图纸详细，工程范围明确，图纸说明和技术规程清楚，工程量计算基本准确的工程适用单价合同

扫一扫 看解析

二、案例分析题

【案例一】

背景资料：

某实行监理的工程，施工合同采用《建设工程施工合同（示范文本）》，合同约定，吊装机械闲置补偿费 600 元（台班），单独计算，不计入直接费。经项目监理机构审核批准的施工总进度计划如下图所示（单位：月）。

扫一扫 看解析

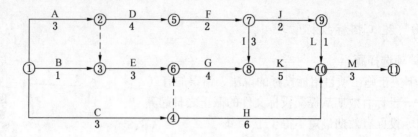

施工过程中，发生下列事件：

事件一：开工后，建设单位提出工程变更，致使工作 E 的持续时间延长 2 个月，吊装机械闲置 30 台班。

事件二：工作 G 开始后，受当地百年一遇洪水影响，该工作停工 1 个月，施工单位的吊装机械闲置 15 台班，其他机械设备损坏及停工损失合计 25 万元。

问题：

1. 确定初始计划的总工期，并确定关键线路及工作 E 的总时差。

2. 事件一发生后，吊装机械闲置补偿费为多少？总工期延期为多少？说明理由。

3. 事件二发生后，项目监理机构应批准的补偿费用为多少？应批准的工程延期为多少？说明理由。

【案例二】

背景资料：

某综合办公楼建设工程项目，建设单位为某市市政府。由于建设任务紧迫，故此建设单位在施工图纸尚未完全完成的时候，通过招标选择了当地一家建筑施工企业作为施工单位，双方签订了施工合同。

扫一扫 看解析

施工过程中，施工单位积极管理，确保工程的进度、安全、质量；建设单位资金到位，按照合同约定的支付时间和支付方式支付工程进度款。

问题：

1. 在施工合同签订后，施工单位发现在施工合同文件中，专用条款、通用条款和中标通知书相关条款对于某一分项工程的义务的叙述存在自相矛盾的地方。在这种情况下，当事人应当以哪一种文件的解释为准？

2. 施工合同文件由哪些文件组成？

3. 由于设计工作尚未完成，施工范围内有待实施的工程虽然性质明确，但是工程量难以确定。建设单位和施工单位商定后采用总价合同的形式签订了施工合同，以减少双方风险。这种合同形式是否合适？为什么？

1A420210 施工现场平面布置

一、多项选择题

1. 现场不同施工阶段总平面布置图通常包括（　　　）。

    A. 基础工程施工总平面图

    B. 主体结构工程施工总平面图

C. 装饰工程施工总平面图

D. 施工现场临时设施总平面图

E. 施工总平面图

扫一扫 看解析

1A420220　施工临时用电

一、单项选择题

1. 潮湿和易触及带电体场所的照明，电源电压不得大于（　　）V。

A. 12

B. 24

C. 36

D. 48

扫一扫 看解析

2. 当采用专用变压器、TN－S 接零保护供电系统的施工现场，电气设备的金属外壳必须与（　　）连接。

A. 保护地线

B. 保护零线

C. 工作零线

D. 工作地线

扫一扫 看解析

二、多项选择题

3. 关于施工现场配电系统设置的说法，正确的有（　　）。

A. 配电系统应采用配电柜或配电箱、分配电箱、开关箱三级配电方式

B. 分配电箱与开关箱的距离不得超过 30 m

C. 开关箱与其控制的固定式用电设备的水平距离不宜超过 3 m

D. 同一个开关箱最多只可以直接控制两台用电设备

E. 固定式配电箱的中心点与地面的垂直距离应为 0.8～1.6 m

扫一扫 看解析

4. 依据《施工现场临时用电安全技术规范》，关于现场临时用电，下列说法正确的有（　　）。

A. 采用三级配电

B. 采用 TN－S 接零保护系统

C. PE 线端子板必须与金属电器安装板做电气连接

D. 用电设备在 5 台及以上，设备总容量在 50 kW 及以上者，应编用电组织设计

E. 临时用电组织设计应由项目经理批准后实施

扫一扫 看解析

1A420230　施工临时用水

一、多项选择题

1. 施工现场临时用水量计算包括（　　）。

A. 现场施工用水量

B. 施工机械用水量

扫一扫 看解析

C. 施工现场生活用水量

D. 基坑降水计算量

E. 消防用水量

1A420240 施工现场防火

一、单项选择题

1. 建筑工程施工现场室外消火栓之间的距离不应大于（　　）m。

A. 50

B. 60

C. 80

D. 120

扫一扫 看解析

2. 下列关于施工现场消防器材配备的说法错误的是（　　）。

A. 临时搭设的建筑物区域内，95 m² 配备两个 10 L 的灭火器

B. 临时木工加工车间，每 25 m² 应配置一个灭火器

C. 临时木工加工车间，60 m² 应配置 3 个灭火器

D. 一般临时设施区，每 100 m² 配备两个 5 L 的灭火器

扫一扫 看解析

3. 下列关于施工现场防火管理规定的说法正确的是（　　）。

A. 危险品之间的堆放距离不得小于 30 m

B. 可燃材料库房单个房间的建筑面积不应超过 20 m²

C. 易燃易爆危险品库房单个房间的建筑面积不应超过 30 m²

D. 房间内任一点至疏散门的距离不应大于 10 m

扫一扫 看解析

1A420250 项目管理规划

一、单项选择题

1. 施工项目管理规划大纲中的项目范围管理规划主要是对（　　）进行描述。

A. 项目的过程范围和最终可交付工程的范围

B. 项目规模和经济指标

C. 承保范围和质量保证措施

D. 经济指标和质量保证措施

扫一扫 看解析

二、多项选择题

2. 施工项目管理规划的作用有（　　）。

A. 制定施工项目管理目标

B. 规划实施项目目标的组织、程序和方法，落实责任

C. 作为相应项目管理规范，在项目管理过程中贯彻执行

D. 作为考核项目经理部的依据之一

E. 编制可行性研究报告的依据

3. 依据《建筑工程项目管理规范》，项目管理规划大纲可根据下列资料编制，包括（　　）。

A. 可行性研究报告

B. 设计文件、标准、规范与有关规定

C. 招标文件及有关合同文件

D. 相关市场信息与环境信息

E. 项目管理实施规划

扫一扫 看解析

1A420260　项目综合管理控制

一、单项选择题

1. 工程施工组织设计应由项目技术负责人组织专项交底会，由（　　）向建设单位、监理单位、项目经理部相关部门、分包单位相关负责人进行书面交底。

    A. 项目负责人

    B. 项目技术负责人

    C. 企业安全负责人

    D. 企业技术负责人

扫一扫 看解析

2. CFG 桩是（　　）的简称。

    A. 砂石桩

    B. 深层搅拌桩

    C. 水泥粉灰碎石桩

    D. 灌注桩

二、多项选择题

3. 建筑业 10 项新技术包括（　　）。

    A. 钢筋及预应力技术

    B. 模板及脚手架技术

    C. 绿色施工技术

    D. 信息化应用技术

    E. 砌筑技术

扫一扫 看解析

1A430000　建筑工程项目施工相关法规与标准

1A431000　建筑工程相关法规

1A431010　建筑工程建设相关法规

一、单项选择题

1. 工程竣工验收合格之日起最多（　　）d 内，建设单位应向当地建设行政主管部门备案。

    A. 7

    B. 15

    C. 30

    D. 90

扫一扫 看解析

2. 根据《建筑市场诚信行为信息管理办法》，省级建设行政主管部门公布的良好行为记录信息公布期限一般为（　　）年。

    A. 1

    B. 2

    C. 3

    D. 4

3. 正常使用条件下，节能保温工程的最低保修期限为（　　）年。

    A. 2

    B. 3

    C. 4

    D. 5

4. 注册执业人员未执行民用建筑节能强制性标准并且情节严重的，由颁发资格证书的部门吊销执业资格证书，（　　）不予注册。

    A. 1 年内

    B. 3 年内

    C. 5 年内

    D. 永久

1A431020　建设工程施工安全生产及施工现场管理相关法规

一、单项选择题

1. 依法批准开工报告的建设工程，建设单位应当自开工报告批准之日起（　　）d内，将保证安全施工的措施报送建设工程所在地的县级以上地方人民政府建设行政主管部门或者其他有关部门备案。

    A. 7

    B. 10

    C. 15

    D. 30

二、多项选择题

2. 关于施工单位项目负责人安全生产责任的说法，正确的有（　　）。

    A. 制定施工单位安全生产责任制度

    B. 对建设工程项目的安全施工负责

    C. 落实安全生产规章制度

    D. 确保安全生产费用的有效使用

    E. 及时、如实报告生产安全事故

三、案例分析题

【案例一】

背景资料：

某办公楼工程，建筑面积 980000 m²，韧性钢管混凝土框架结构，地下 3 层，地上 46 层，建筑高度约 203 m。

合同履行过程中，发生了下列事件：

事件：施工总承包单位在浇筑首层大堂顶板混凝土时，发生了模板支撑系统坍塌事故，造成5人死亡，7人受伤。事故发生后，施工总承包单位现场有关人员于2h后向本单位负责人进行了报告，施工总承包单位负责人接到报告1h后向当地政府行政主管部门进行了报告。

问题：

事件中，依据《生产安全事故报告和调查处理条例》，本事故属于哪个等级？纠正事件中施工总承包单位报告事故的错误做法。报告事故应报告哪些内容？

1A432000　建筑工程相关技术标准

1A432010　建筑工程安全防火及室内环境污染控制的相关规定

一、单项选择题

1. B_2 级的装修材料属于（　　）装修材料。

A. 可燃性

B. 不燃性

C. 难燃性

D. 易燃性

扫一扫 看解析

2. 下列材料中，属于 B_1 级材料的是（　　）。

A. 水泥制品

B. 纤维石膏板

C. 玻璃

D. 花岗石

扫一扫 看解析

3. 根据《民用建筑工程室内环境污染控制规范》，室内环境污染控制环境要求属于 I 类的是（　　）。

A. 办公楼

B. 图书馆

C. 体育馆

D. 学校教室

扫一扫 看解析

4. 据《民用建筑工程室内环境污染控制规范》，当室内环境污染物浓度检测结果不符合本规范时，应查找原因并采取措施进行处理，并可对不合格项进行再次检测，再次检测时，抽检数量应增加（　　）倍。

A. 1

B. 2

C. 3

D. 4

扫一扫 看解析

5. 对于图书室和资料室，其装修材料应满足（　　）。

A. 顶棚 B 级，墙面 A 级，地面采用 B_1 级装修材料

B. 顶棚 A 级，墙面 B 级，地面采用 B_1 级装修材料

C. 顶棚 A 级，墙面 A 级，地面采用 A 级装修材料

扫一扫 看解析

D. 顶棚 B 级，墙面 A 级，地面采用 B2 级装修材料

1A432020 建筑工程地基基础工程的相关标准

一、单项选择题

1. 地下工程水泥砂浆防水层的养护时间至少应为（　　）d。

A. 7

B. 14

C. 21

D. 28

扫一扫 看解析

2. 根据《建筑基坑支护技术规程》，原状土放坡仅适合基坑侧壁安全等级为（　　）的基坑。

A. 一级

B. 二级

C. 三级

D. 四级

扫一扫 看解析

二、多项选择题

3. 基坑变形的监控值包括（　　）。

A. 围护结构墙顶位移监控值

B. 围护结构墙体最大位移监控值

C. 围护结构墙顶沉降监控值

D. 围护结构墙体最大沉降监控值

E. 地面最大沉降监控值

扫一扫 看解析

4. 根据《建筑地基基础工程施工质量验收规范》，属于一级基坑的有（　　）。

A. 重要工程的基坑

B. 支护结构做主体结构一部分的基坑

C. 开挖深度 8 m 的基坑

D. 与邻近建筑物的距离在开挖深度以外的基坑

E. 基坑范围内有历史文物需严加保护的基坑

扫一扫 看解析

1A432030 建筑工程主体结构工程的相关标准

一、单项选择题

1. 气温超过 30 ℃时，现场拌制的砂浆应在（　　）h 内使用完毕。

A. 2

B. 3

C. 4

D. 5

扫一扫 看解析

2. 对于跨度为 6 m 的钢筋混凝土梁模板，当设计无要求时，模板起拱高度为（　　）mm。

A. 4

    B. 12

    C. 20

    D. 24

3. 在（　　）中，严禁使用含氯化物的外加剂。

    A. 钢筋混凝土结构

    B. 预应力混凝土结构

    C. 普通混凝土结构

    D. 钢结构

4. 依据《混凝土结构工程施工质量验收规范》，当一次连续浇筑 1200 m^3 混凝土时，同一配合比的混凝土抽取试样不得少于（　　）次。

    A. 3

    B. 4

    C. 5

    D. 6

5. 永久性普通螺栓紧固应牢固、可靠，外露丝扣不应少于（　　）扣。

    A. 2

    B. 3

    C. 4

    D. 5

二、多项选择题

6. 在浇筑混凝土之前，应进行钢筋隐蔽工程验收，其内容包括（　　）。

    A. 纵向受力钢筋的牌号、规格、数量、位置等

    B. 钢筋的连接方式、接头位置、接头质量、接头面积百分率等

    C. 箍筋、横向钢筋的牌号、规格、数量、间距等

    D. 预埋件的规格、数量、位置等

    E. 钢筋的抗拉强度、屈服强度

7. 水泥进场时的检查数量规定：按同一生产厂家、同一强度等级、同一品种、同一批号且连续进场的水泥，（　　）。

    A. 袋装不超过 300 t 为一批

    B. 散装不超过 600 t 为一批

    C. 袋装不超过 200 t 为一批

    D. 散装不超过 500 t 为一批

    E. 每批抽样不少于一次

1A432040　建筑工程屋面及装饰装修工程的相关标准

一、多项选择题

1. 关于地面整体面层铺设的做法，正确的有（　　）。

    A. 水泥类基层的抗压强度不小于 1.2 MPa

    B. 整体面层施工后，抗压强度达到 3 MPa 后，方准上人行走

C. 水泥砂浆面层砂浆宜采用火山灰水泥

D. 整体面层施工后，养护时间不应小于7 d

E. 水泥混凝土面层中混凝土采用的粗骨料最大粒径不大于面层厚度的2/3

2. 住宅室内装饰装修分户工程验收应提供的检测资料有（　　）。

A. 分户工程验收的相关文件及表格

B. 室内环境检测报告

C. 绝缘电阻检测报告

D. 水压试验报告

E. 防雷测试报告

扫一扫 看解析

1A432050　建筑工程项目相关管理规定

一、单项选择题

1. 施工组织总设计应由总承包单位（　　）审批。

A. 负责人

B. 技术负责人

C. 项目负责人

D. 项目技术负责人

扫一扫 看解析

二、多项选择题

2. 依据《建筑施工组织设计规范》，施工组织设计按编制对象分成（　　）。

A. 施工组织总设计

B. 单位工程施工组织设计

C. 施工方案

D. 专项方案

E. 施工计划

扫一扫 看解析

3. 依据《建筑工程项目管理规范》，项目经理部进行成本控制应依据的资料包括（　　）。

A. 合同文件

B. 成本计划

C. 进度报告

D. 工程变更与索赔资料

E. 项目管理规划大纲

扫一扫 看解析

4. 项目经理部的成本管理应包括（　　）。

A. 成本计划

B. 成本分析

C. 成本核算

D. 成本考核

E. 成本组合

扫一扫 看解析

三、案例分析题

【案例一】

背景资料：

某新建校区含音乐学院教学楼工程，地上 3 层，其中主演播大厅层高 6.8 m，双向跨度 19.8 m，设计采用现浇混凝土井字梁结构。

扫一扫 看解析

施工过程中，发生如下事件：

事件一：经建设单位协调后，施工单位同意按监理工程师提出的要求组织专家组。施工单位总工程师亲自组织专家论证，并自任专家组组长。邀请监理、设计单位技术负责人，同时还聘请了外单位相关专业专家（含组长共计 6 人）组成专家组，对模架方案进行论证。专家组提出口头论证意见后离开，论证会结束。

事件二：在演播大厅屋盖混凝土施工过程中，因西侧模板支撑系统失稳，发生局部坍塌，使东侧刚浇筑的混凝土顺斜面往四周流淌，致使整个楼层模架全部失稳而相继倒塌。整个事故造成 3 人死亡，轻伤 50 人，间接经济损失 1000 万元。事故发生后，有关单位立即成立事故调查小组和事故处理小组，对事故的情况展开全面调查，并向相关部门上报质量事故调查报告。

事件三：在主体结构施工前，与主体结构施工密切相关的某国家标准发生了重大修改并开始实施，现场监理机构要求修改施工组织设计，重新审批后才能组织实施。

问题：

1. 指出事件一中不妥之处，并分别说明理由。

2. 事件二中，按造成损失严重程度划分应为什么类型事故？并给出此类事故的判定标准。工程质量事故调查报告至少应包括哪些主要内容（至少列出 4 项）？

3. 除了事件三中国家标准发生重大修改的情况外，还有哪些情况发生后也需要修改施工组织设计并重新审批？

【案例二】

背景资料：

某省重点工程项目，业主采取公开招标的方式，招标文件规定：2013 年 4 月 20 日 16 时为投标截止时间。

事件一：在 2013 年 4 月 20 日上午，A、B、D、E 4 家企业提交了投标文件，但 C 企业于 2013 年 4 月 20 日 17 时才送达投标文件。

事件二：结构施工期间，楼层内配备了消防立管和消火栓，消火栓处昼夜都有明显标志并且配备了足够的水龙带，消火栓周围 1 m 内不准存放物品；在临时搭建的 95 m² 木加工车间内，配备 2 个种类合适的灭火器。

事件三：脚手架工程施工中，项目部规定了对脚手架杆件的设置和联结；并要求对连墙件、支撑、门洞桁架的构造、地基是否有积水、底座是否松动、立杆是否悬空等内容进行定期重点检查。

事件四：检查施工现场工人宿舍室内净高 2.3 m，封闭式窗户，每个房间住 20 名工人，通道宽度小于 0.7 m，检查组认为不符合相关要求，对此下发了整改通知单。

问题：

1. 事件一中的 C 企业的投标怎么处理？为什么？

2. 指出事件二中有哪些不妥之处，写出正确方法。

3. 事件三中脚手架工程定期检查应重点检查的内容还有哪些？

4. 针对事件四中现场工人宿舍的问题，应如何整改？

【案例三】

背景资料：

某住院部工程，钢筋混凝土框架结构，框架柱柱距为 7.6 m，地下 2 层，地上 5 层，建筑面积 20000 m²，主要功能有病房 60 间，教学兼会议室 2 间，每间面积 120 m²，医生值班室 20 间等。

扫一扫 看解析

施工过程中，发生了以下事件：

事件一：工程在交付使用前对病房、教学兼会议室、医生值班室进行了污染物浓度检测。

事件二：其中某一专业分包的项目合同工程量为 1000 m³，合同单价为 500 元/m³，当工程发生工程变更后的工程实际数量超过（或少于）合同工程量所列数量的 10% 时，该分项工程单价予以调整，调整系数为 0.9（1.1）。

事件三：二层梁板施工阶段天气晴好，梁板模板安装并拼接整齐，在混凝土浇筑前，用水准仪抄平，保证每一构件底模表面在同一平面上，无凹凸不平的问题；开始浇筑混凝土，并现场制作混凝土试件，浇筑完毕 20 h 后开始覆盖并养护。监理工程师认为不妥要求改正。

问题：

1. 事件一中对上述功能性房间进行污染物浓度检测时，各抽取的房间数量至少是多少？

2. 教学兼会议室房间检测时至少应测几个点？为什么？

3. 事件二中，列式分别计算出若实际工程量为 1200 m³ 和若实际工程量为 800 m³ 的结算价。

4. 指出事件三中的不妥之处并说明理由。

章节练习题答案与解析

1A410000 建筑工程技术

1A411000 建筑结构与构造

1A411010 建筑结构工程的可靠性

1.【答案】D

【解析】本题考查的是临界力的计算公式。

不同支座情况的临界力的计算公式为 $p_{ij} = \dfrac{\pi_2 EI}{l_0^2}$，$i_0$ 称压杆的计算长度。当柱的一端固定一端自由时，$l_0 = 2l$；两端固定时，$l_0 = 0.5l$；一端固定一端铰支时，$l_0 = 0.7l$；两端铰支时，$l_0 = l$。

2.【答案】A

【解析】本题考查的是建筑结构工程的适用性。梁的变形主要是由弯矩引起的，叫弯曲变形。

3.【答案】A

【解析】（1）安全性：在正常施工和正常使用的条件下，结构应能承受可能出现的各种荷载作用和变形而不发生破坏；在偶然事件发生后，结构仍能保持必要的整体稳定性。例如，厂房结构平时受自重、吊车、风和积雪等荷载作用时，均应坚固不坏；而在遇到强烈地震、爆炸等偶然事件时，容许有局部的损伤，但应保持结构的整体稳定而不发生倒塌。

（2）适用性：在正常使用时，结构应具有良好的工作性能。例如，吊车梁变形过大会使吊车无法正常运行，水池出现裂缝便不能蓄水等，都影响正常使用，需要对变形、裂缝等进行必要的控制。

（3）耐久性：在正常维护的条件下，结构应能在预计的使用年限内满足各项功能要求，也即应具有足够的耐久性。例如，不致因混凝土的老化、腐蚀或钢筋的锈蚀等影响结构的使用寿命。安全性、适用性和耐久性概括称为结构的可靠性。

4.【答案】D

【解析】结构杆件的基本受力形式按其变形特点可归纳为 5 种：拉伸、压缩、弯曲、剪切和扭转，如下图所示。

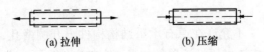

(a) 拉伸　　　　　　　　(b) 压缩

— 49 —

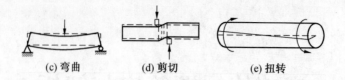

(c) 弯曲　　　　(d) 剪切　　　　(e) 扭转

5. 【答案】ACD

【解析】本题考查的是建筑结构功能。建筑结构功能包括安全、适用、耐久性。

1A411020　建筑结构平衡的技术

1. 【答案】B

【解析】力对某点产生的力矩等于力乘以到这一点的距离。

2. 【答案】D

【解析】本题考查的是建筑工程的安全性。这是一道应用平衡条件求反力的应用题。由平衡条件对 B 点取矩：$\sum M_B = 0$，$R_A \times 4 - 1 \times 1 = 0$，得 $R_A = 1/4$ kN。

3. 【答案】D

【解析】本题考查的是平面力系的平衡条件及其应用。简支梁的剪力图为 D。

4. 【答案】A

【解析】本题考查的是荷载对结构的影响。在非地震区，风荷载是建筑结构的主要水平力。建筑体型直接影响风的方向和流速，改变着风压的大小。实验证明，平面为圆形的建筑比方形或矩形建筑，其风压可减小近 40%。所以在高层建筑中，常看到圆形建筑。它不仅风压小，而且各向的刚度比较接近，有利于抵抗水平力的作用。

5. 【答案】D

【解析】剪力墙体系是利用建筑物的墙体（内墙和外墙）做成剪力墙来抵抗水平力。剪力墙一般为钢筋混凝土墙，厚度不小于 160 mm。剪力墙的墙段长度不宜大于 8 m，适用于小开间的住宅和旅馆等。在 180 m 高度范围内都可以适用。剪力墙结构的优点是侧向刚度大，水平荷载作用下侧移小；缺点是剪力墙的间距小，结构建筑平面布置不灵活，不适用于大空间的公共建筑，另外结构自重也较大。

6. 【答案】A

【解析】本题考查的是荷载对结构的影响。地震力大小与建筑质量成正比。

7. 【答案】C

【解析】本题考查的是装修对结构的影响及对策。装修对结构的影响及对策主要包括：

（1）装修时不能自行改变原来的建筑使用功能。如若必要改变时，应该取得原设计单位的许可。

（2）在进行楼面和屋面装修时，新的装修构造做法产生的荷载值不能超过原有建筑装修构造做法荷载值。如若超过，应对楼盖和屋盖结构的承载能力进行分析计算，控制在允许的范围内。

（3）在装修施工中，不允许在原有承重结构构件上开洞凿孔，降低结构构件的承载能力。如果实在需要，应该经原设计单位的书面有效文件许可，方可施工。

（4）装修时不得自行拆除任何承重构件，或改变结构的承重体系；更不能自行做夹层或增加楼层。如果必须增加面积，使用方应委托原设计单位或有相应资质的设计单位进行设计。改建结构的施工也必须有相应的施工资质。

（5）装修施工时，不允许在建筑内楼面上堆放大量建筑材料，如水泥、砂石等，以免引起结构的破坏。

8.【答案】D

【解析】本题考查的房屋建筑筒中筒结构的内筒的构成。在高层建筑中，特别是超高层建筑中，水平荷载愈来愈大，起着控制作用。筒体结构便是抵抗水平荷载最有效的结构体系。筒体结构可分为框架核心筒结构、筒中筒结构和多筒结构等。框筒由密排柱和窗下裙梁组成，亦可视为开窗洞的筒体。内筒一般由电梯间、楼梯间组成。内筒与外筒由楼盖连接成整体，共同抵抗水平荷载及竖向荷载。

9.【答案】D

【解析】本题考查的是常见建筑结构体系和应用。框架－剪力墙结构中，剪力墙主要承受水平荷载，竖向荷载主要由框架承担。在水平荷载作用下，剪力墙好比固定于基础上的悬臂梁，其变形为弯曲型变形，框架为剪切型变形。

10.【答案】ABD

【解析】本题考查的是常见建筑结构体系和应用。剪力墙结构平面布置不灵活，不适用于大空间的公共建筑。

11.【答案】ABDE

【解析】本题考查的是常见建筑结构体系和应用。剪力墙按受力特点分为整体墙和小开口整体墙、双肢剪力墙和多肢剪力墙。

12.【答案】ADE

【解析】结构自重、基础沉降属于永久荷载。

1A411030　建筑结构构造要求

1.【答案】A

【解析】连续梁受力特点是跨中有正弯矩，支座有负弯矩。

2.【答案】C

【解析】沉降缝的基础必须分开。

3.【答案】D

【解析】本题考查的是抗震构造措施。震害调查表明，框架结构震害严重的部位多发生在框架梁柱节点和填充墙处；一般是柱的震害重于梁，柱顶的震害重于柱底，角柱的震害重于内柱，短柱的震害重于一般柱。

4.【答案】B

【解析】医院楼梯踏步的最小宽度为 0.28 m。

5.【答案】C

【解析】本题考查的是厨房、卫生间、地下室墙面的施工要求。厨房、卫生间、地下室墙面必须使用耐水腻子。

6.【答案】A

【解析】悬挑空调板的受力钢筋应分布置在板的上部。

7. 【答案】B

【解析】防火门、窗耐火等级分甲、乙、丙级，耐火极限分别为1.5h、1.0h、0.5h，防火墙开门甲级，楼梯间疏散门乙级，竖向管道井检查门丙级。

8. 【答案】CDE

【解析】多层砌体房屋的破坏部位主要是墙身，楼盖本身的破坏较轻。因此，采取如下措施：

（1）设置钢筋混凝土构造柱，减少墙身的破坏，并改善其抗震性能，提高延性。

（2）设置钢筋混凝土圈梁与构造柱连接起来，增强了房屋的整体性，改善了房屋的抗震性能，提高了抗震能力。

（3）加强墙体的连接，楼板和梁应有足够的支承长度和可靠连接。

（4）加强楼梯间的整体性等。

9. 【答案】ABC

【解析】本题考查的是结构构造要求。影响梁的斜截面受力性能的主要因素有剪跨比和高跨比、混凝土的强度等级、腹筋的数量，箍筋和弯起钢筋统称为腹筋。

10. 【答案】BCE

【解析】本题考查的是影响砖砌体抗压强度的主要因素。影响砖砌体抗压强度的主要因素包括：砖的强度等级；砂浆的强度等级及厚度；砌筑质量，包括饱满度、砌筑时砖的含水率、操作人员的技术水平等。

11. 【答案】ACD

【解析】本题考查的是结构构造要求。墙体的主要构造措施有伸缩缝、沉降缝、圈梁。

12. 【答案】ACE

【解析】本题考查的是钢筋的力学性能。建筑钢筋分为两类：一类为有明显流幅的钢筋，另一类为没有明显流幅的钢筋。有明显流幅的钢筋含碳量少，塑性好，延伸率大。无明显流幅的钢筋含碳量多，强度高，塑性差，延伸率小，没有屈服台阶，脆性破坏。

13. 【答案】ABC

【解析】本题考查的是建筑构造要求。水平防潮层的位置：做在墙体内、高于室外地坪、位于室内地层密实材料垫层中部、室内地坪（±0.00）以下60mm处。

14. 【答案】ABC

【解析】本题考查的是建筑装饰装修构造要求。建筑装修材料连接与固定的主要方式有粘结法、机械固定法、焊接法。

15. 【答案】AE

【解析】本题考查的是地面装修构造中面层的类别。面层分为整体面层、板块面层和木竹面层。整体面层包括水泥混凝土面层、水泥砂浆面层、水磨石面层、水泥钢（铁）屑面层、防油渗面层、不发火（防爆的）面层等。板块面层包括砖面层（陶瓷锦砖、缸砖、陶瓷地砖和水泥花砖面层）、大理石面层和花岗石面层、预制板块面层（水泥混凝土板块、水磨石板块面层）、料石面层（条石、块石面层）、塑料板面层、活动地板面层、地毯面层等。木竹面层包括实木地板面层（条材、块材面层）、实木复合地板面层（条材、块材面层）、中密度（强化）复合地板面层（条材面层）、竹地板面层等。

1A412000　建筑工程材料

1A412010　常用建筑结构材料的技术性能与应用

1.　【答案】B

【解析】本题考查的是六大常用水泥凝结时间。国家标准规定，六大常用水泥的初凝时间均不得短于45 min，硅酸盐水泥的终凝时间不得长于6.5 h，其他五类常用于水泥的终凝时间不得长于10 h。

2.　【答案】D

【解析】本题考查的是配制厚大体积的普通混凝土的技术要求。配制厚大体积的普通混凝土宜优先选用矿渣水泥、粉煤灰水泥及复合水泥。

3.　【答案】C

【解析】本题考查的是水泥的性能和应用。有抗渗要求的混凝土应优先选用普通水泥和火山灰水泥。

4.　【答案】C

【解析】有抗震要求的带肋钢筋的最大力下总伸长率不小于9%。

5.　【答案】C

【解析】本题考查的是建筑钢材的性能和应用。结构设计中钢材强度的取值依据是屈服强度。

6.　【答案】D

【解析】磷是碳素钢中有害元素之一。

7.　【答案】A

【解析】混凝土试件标准养护的条件是：温度（20 ±2）℃，相对湿度95%以上。

8.　【答案】C

【解析】本题考查的是混凝土的和易性。混凝土的和易性是指混凝土拌和物易于施工操作（搅拌、运输、浇筑、捣实）并能获得质量均匀、成型密实的性能，又称工作性。和易性是一项综合的技术性质，包括流动性、黏聚性和保水性三方面的含义。

9.　【答案】A

【解析】本题考查的是混凝土的性能和应用。单位体积用水量决定水泥浆的数量和稠度，它是影响混凝土和易性的最主要因素。

10.　【答案】C

【解析】法律规定严禁使用含有硝铵、尿素等产生刺激性气味的混凝土外加剂。

11.　【答案】D

【解析】钢材的拉伸性能包括抗拉强度、屈服强度和伸长率，塑性指标用伸长率来测定。

12.　【答案】B

【解析】普通硅酸盐水泥的代号为P·O。

13.　【答案】DE

【解析】钢筋的工艺性能包含弯曲性能、焊接性能两种。

14. 【答案】ADE

【解析】本题考查的是钢材化学成分及其对钢材性能的影响。氮对钢材性质的影响与碳、磷相似，会使钢材强度提高，塑性特别是韧性显著下降。

15. 【答案】ABCD

【解析】本题考查的是混凝土的耐久性。混凝土的耐久性是指混凝土抵抗环境介质作用并长期保持其良好的使用性能和外观完整性的能力。它是一个综合性概念，包括抗渗、抗冻、抗侵蚀、碳化、碱骨料反应及混凝土中的钢筋锈蚀等性能，这些性能均决定着混凝土经久耐用的程度，故称为耐久性。

16. 【答案】BCD

【解析】本题考查的是影响混凝土强度的因素。影响混凝土强度的因素主要有原材料及生产工艺方面的因素。原材料方面的因素包括水泥强度与水灰比，骨料的种类、质量和数量，外加剂和掺和料；生产工艺方面的因素包括搅拌与振捣，养护的温度和湿度，龄期。

17. 【答案】ABCE

【解析】本题考查的是混凝土的碳化（中性化）。混凝土的碳化是环境中的二氧化碳与水泥石中的氢氧化钙作用，生成碳酸钙和水。碳化使混凝土的碱度降低，削弱混凝土对钢筋的保护作用，可能导致钢筋锈蚀；碳化显著增加混凝土的收缩，使混凝土抗压强度增大，但可能产生细微裂缝，而使混凝土抗拉、抗折强度降低。

18. 【答案】ABCD

【解析】本题考查的是混凝土的性能和应用。非荷载变形指物理化学因素引起的变形，包括化学收缩、碳化收缩、干湿变形、温度变形等。荷载作用下的变形又可分为在短期荷载作用下的变形、长期荷载作用下的徐变。

19. 【答案】ABD

【解析】本题考查的是混凝土外加剂的分类。混凝土外加剂按其主要使用功能分为以下 4 类：

（1）改善混凝土拌和物流变性能的外加剂，包括各种减水剂、引气剂和泵送剂等。

（2）调节混凝土凝结时间、硬化性能的外加剂，包括缓凝剂、早强剂和速凝剂等。

（3）改善混凝土耐久性能的外加剂，包括引气剂、防水剂和阻锈剂等。

（4）改善混凝土其他性能的外加剂，包括膨胀剂、防冻剂、着色剂等。

20. 【答案】ABDE

【解析】本题考查的是缓凝剂的性能和应用。缓凝剂主要用于高温季节混凝土、大体积混凝土、泵送与滑模方法施工以及远距离运输的商品混凝土等，不宜用于日最低气温 5 ℃以下施工的混凝土。

21. 【答案】ADE

【解析】本题考查的是石灰的技术性质。石灰的技术性质主要有：

（1）保水性好。生石灰熟化形成的石灰浆中，氢氧化钙呈胶体分散状态，颗粒极细，表面吸附一层较厚的水膜，具有较强保持水分的能力，即保水性好。

（2）硬化较慢、强度低。石灰的硬化只能在空气中进行，硬化后的强度也不高。1:3 的石灰砂浆 28 d 抗压强度通常只有 0.2～0.5 MPa。

（3）耐水性差。在潮湿环境中，石灰浆体中水分不会蒸发，二氧化碳也无法渗入，石灰将停止硬化。再加上氢氧化钙易溶于水，已硬化的石灰遇水还会溶解、溃散。因此石灰不宜在潮湿的环境中使用，也不宜单独用于建筑物基础。

（4）硬化时体积收缩大。石灰在硬化过程中，要失去大量的游离水分，会引起体积显著收缩。因此，除调成石灰乳作粉刷外，不宜单独使用，工程上通常要掺入砂、纸筋、麻刀等材料，以减少收缩，并节约石灰。

（5）生石灰吸湿性强。块状生石灰在存放过程中，会缓慢吸收空气中的水分而自动熟化成消石灰粉，并与空气中的二氧化碳作用生成碳酸钙，失去胶结能力。

22.【答案】ABCE

【解析】本题考查的是石膏的性能和应用。建筑石膏的特性主要包括凝结硬化快、硬化后体积微膨胀、硬化后孔隙率高、防火性好、耐水性和抗冻性差等。

1A412020 建筑装饰装修材料的特性与应用

1.【答案】B

【解析】本题考查的是天然大理石饰面板材的应用范围。天然大理石板材是装饰工程的常用饰面材料，一般用于宾馆、展览馆、剧院、商场、图书馆、机场、车站、办公楼、住宅等工程的室内墙面、柱面、服务台、栏板、电梯间门口等部位。

2.【答案】C

【解析】本题考查的是木材的湿胀、干缩与变形。湿胀、干缩将影响木材的使用。干缩会使木材翘曲、开裂、接榫松动、拼缝不严。湿胀可造成表面鼓凸，所以木材在加工或使用前应预先进行干燥，使其接近于与环境湿度相适应的平衡含水率。

3.【答案】B

【解析】平板玻璃热稳定性差，急冷急热易发生爆炸。

4.【答案】C

【解析】本题考查的是建筑玻璃的特性与应用。夹层玻璃可用于水下工程。

5.【答案】D

【解析】本题考查的是建筑玻璃的特性与应用。阳光控制镀膜玻璃的镀膜层具有单向透视性，故又称单反玻璃。

6.【答案】A

【解析】本题考查的是建筑高分子材料的性能与应用。PB 管具有较高的强度，韧性好、无毒，其长期工作水温为 90 ℃ 左右，最高使用温度可达 110 ℃，易燃，热胀系数大，但价格高等特点。

7.【答案】C

【解析】本题考查的是建筑高分子材料的特性与应用。硬聚氯乙烯（PVC-U）管，可应用于给水管道（非饮用水）、排水管道、雨水管道。

8.【答案】A

【解析】木材加工中顺纹切开所展现的表面是木材同年代生长的纹理，变形最小；径向切的表面是不同年代生长形成的纹理，变形较大；弦向切与径向切原因相同，只不过展现的面积远大于径向切的面积，变形最大。

9. 【答案】ACDE

【解析】本题考查的是中空玻璃特性。中空玻璃特性包括光学性能良好，保温隔热、降低能耗，防结露，隔声性能良好。

1A412030 建筑功能材料的特性与应用

1. 【答案】B

【解析】本题考查的是建筑防水材料的特性和应用。防水卷材的机械力学性能常用拉力、拉伸强度和断裂伸长率等表示。

2. 【答案】B

【解析】本题考查的是定型密封材料的种类。密封材料是指能适应接缝位移达到气密性、水密性目的而嵌入建筑接缝中的定型和非定型的材料。建筑密封材料分为定型密封材料和非定型密封材料两大类型。定型密封材料是具有一定形状和尺寸的密封材料，包括各种止水带、止水条、密封条等，非定型密封材料是指密封膏、密封胶、密封剂等黏稠状的密封材料。

3. 【答案】C

【解析】厚质型防火涂料一般为非膨胀型的，厚度为 7～45 mm，耐火极限根据涂层厚度有较大差别；薄型和超薄型防火涂料通常为膨胀型的，前者的厚度为 3～7 mm，后者的厚度为小于或等于 3 mm。薄型和超薄型防火涂料的耐火极限一般与涂层厚度无关，而与膨胀后的发泡层厚度有关。

4. 【答案】ACD

【解析】防火涂料的基本功能不包括耐污和耐水。

1A413000 建筑工程施工技术

1A413010 施工测量技术

1. 【答案】A

【解析】本题考查的是施工测设的方法。施工测设的方法包括：

（1）直角坐标法。当建筑场地的施工控制网为方格网或轴线形式时，采用直角坐标法放线最为方便。

（2）极坐标法。极坐标法适用于测设点靠近控制点，便于量距的地方。

（3）角度前方交会法。角度前方交会法适用于不便量距或测设点远离控制点的地方，对于一般小型建筑物或管线的定位，亦可采用此法。

（4）距离交会法。从控制点到测设点的距离，若不超过测距尺的长度时，可用距离交会法来测定。用距离交会法来测定点位，不需要使用仪器，但精度较低。

（5）方向线交会法。测定点由相对应的两已知点或两定向点的方向线交会而得，方向线的设立可以用经纬仪，也可以用细线绳。

2. 【答案】C

【解析】本题考查的是施工测量的内容和方法。$b - a = 1.12 - 1.22 = -0.1$ m，因为 $H_A = 36.05$ m，$H_A - H_B = b - a = -0.1$ m，则 $H_B = 36.05 + 0.1 = 36.15$ m。

3. 【答案】D

【解析】本题考查的是施工测量的内容和方法。用距离交会法来测定点位，不需要使用仪器，但精度较低。

4. 【答案】D

【解析】垂准仪只能测量是否垂直，不能测量水平距离。

1A413020 建筑工程土方工程施工技术

1. 【答案】B

【解析】本题考查的是岩土工程性能。内摩擦角是土体的抗剪强度指标；在土方填筑时，常以土的干密度控制土的夯实标准；土的天然含水量对挖土的难易、土方边坡的稳定、填土的压实等均有影响。

2. 【答案】D

【解析】本题考查的是井点回灌技术。基坑开挖，为保证挖掘部位地基土稳定，常用井点排水等方法降低地下水位。井点回灌是在井点降水的同时，将抽出的地下水（或工业水）通过回灌井点持续地再灌入地基土层内，使降水井点的影响半径不超过回灌井点的范围。这样，回灌井点就以一道隔水帷幕阻止回灌井点外侧的建筑物下的地下水流失，使地下水位基本保持不变，土层压力仍处于原始平衡状态，从而可有效地防止降水井点对周围建（构）筑物、地下管线等的影响。

3. 【答案】C

【解析】本题考查的是基坑验槽方法。在基坑验槽时，对于基底以下不可见部位的涂层，要先辅以钎探法配合观察共同完成。

4. 【答案】A

【解析】本题考查的是基坑验槽方法。基坑验槽前，要求建设单位提供场地内是否有地下管线和相应的地下设施。

5. 【答案】C

【解析】本题考查的是基坑验槽方法。验槽钎探工作在打钎时，每贯入 30 cm 记录一次锤击数。

6. 【答案】C

【解析】本题考查的是基坑底普遍进行轻型动力触探的要求。遇到下列情况之一时，应在基坑底普遍进行轻型动力触探：

（1）持力层明显不均匀。

（2）浅部有软弱下卧层。

（3）有直接观察难以发现的基坑底时，如浅埋的坑穴、古墓、古井等。

（4）勘察报告或设计文件规定应进行轻型动力触探时。

7. 【答案】ABCE

【解析】本题考查的是人工降排地下水的施工技术。管井降水设备较为简单，排水量大，降水较深，可以代替多组轻型井点作用，水泵在地面易于维护。

8.【答案】 ABCD

【解析】 本题考查的是基坑支护与土方开挖施工技术。深基坑工程的挖土方案有放坡挖土、中心岛式挖土、盆式挖土、逆作法挖土。

【案例一】

1. 错误之处一：土方采用机械一次开挖至设计标高。

正确做法：基坑采用机械开挖时，当将要挖土到基底和边坡设计标高、尺寸时，应预留20～30 cm 厚度的土方，进行人工清槽、修坡，避免超挖，扰动基底的土层。

错误之处二：在城市道路路面上遗撒了大量渣土。

正确做法：运送渣土的汽车应有遮盖措施，防止沿途遗撒。

2. 验槽时必须具备的资料和条件如下：

（1）勘察、设计、建设（或监理）、施工等单位有关负责及技术人员到场。

（2）基础施工图和结构总说明。

（3）详勘阶段的岩土工程勘察报告。

（4）开挖完毕槽底无浮土、松土（若分段开挖，则每段条件相同），基槽条件良好。

【案例二】

1. 验槽的组织方式不妥当。

理由：验槽应先由施工单位自检合格，合格后向监理单位提交验收申请，由总监理工程师（建设单位项目负责人）组织勘察、建设、设计、施工、监理等单位共同验槽。

基坑验槽还包括以下内容：

（1）根据设计图纸检查基槽的开挖平面位置、尺寸、槽底深度；检查是否与设计图纸相符，开挖深度是否符合设计要求。

（2）仔细观察槽壁、槽底土质类型、均匀程度和有关异常土质是否存在，核对基坑土质及地下水情况是否与勘察报告相符。

（3）检查基槽边坡外缘与附近建筑物的距离，基坑开挖对建筑物稳定是否有影响。

（4）检查核实分析钎探资料，对存在的异常点位进行复核检查。

2. 填方土料一般不能选用淤泥、淤泥质土、膨胀土、有机质大于8% 的土、含水溶性硫酸盐大于5% 的土、含水量不符合压实要求的黏性土。

土方开挖的原则为"开槽支撑，先撑后挖，分层开挖，严禁超挖"。

1A413030 建筑工程地基处理与基础工程施工技术

1.【答案】 C

【解析】 本题考查的是钢筋混凝土预制桩的沉桩顺序。当基坑不大时，打桩应逐排打设或从中间开始分头向四周或两边进行；对于密集桩群，从中间开始分头向四周或两边对称施打；当一侧毗邻建筑物时，由毗邻建筑物处向另一方向施打；当基坑较大时，宜将基坑分为数段，然后在各段范围内分别施打，但打桩应避免自外向内或从周边向中间进行，以避免中间土体被挤密，桩难以打入，或虽勉强打入，但使邻桩侧移或上冒；对基础标高不一的桩，宜先深后浅；对不同规格的桩，宜先大后小，先长后短，可使土层挤密均匀，以防止位移或偏斜。

2.【答案】C

【解析】摩擦桩以标高为主,贯入度为参考值。

3.【答案】D

【解析】本题考查的是钢筋混凝土灌注桩基础施工技术。钻孔灌注桩有冲击钻成孔灌注桩、回转钻成孔灌注桩、潜水电钻成孔灌注桩及钻孔压浆灌注桩等。除钻孔压浆灌注桩外,其他3种均为泥浆护壁钻孔灌注桩。

4.【答案】A

【解析】本题考查的是桩基础施工技术。人工挖孔灌注桩施工中,应用较广的护壁方法是现浇混凝土护壁。

5.【答案】C

【解析】本题考查的是混凝土基础施工技术。大体积混凝土保湿养护持续时间不能低于 14 d。

6.【答案】D

【解析】高层建筑筏形基础和箱形基础长度超过 40 m 时,宜设置贯通的后浇施工缝(后浇带),后浇带宽不宜小于 80 cm,在后浇施工缝处,钢筋必须贯通。

7.【答案】CDE

【解析】大体积混凝土施工中温控指标应符合下列规定:

(1) 混凝土入模温度不宜大于 30 ℃,混凝土浇筑体的最大温升值不宜大于 50 ℃。

(2) 在覆盖养护或带模养护阶段,混凝土浇筑体表面以内 40 ~ 100 mm 位置处的温度与混凝土浇筑体表面温度差值不应大于 25 ℃;结束覆盖养护或拆模后,混凝土浇筑体表面以内 40 ~ 100 mm 位置处的温度与环境温度差值不应大于 25 ℃。

(3) 混凝土浇筑体内部相邻两测温点的温度差值不应大于 25 ℃。

(4) 混凝土的降温速率不宜大于 2.0 ℃/d;当有可靠经验时,降温速率的要求可适当放宽。

8.【答案】ABCD

【解析】本题考查的是常见的地基处理技术。常见的地基处理方法有换填地基、夯实地基、挤密桩地基、深层密实地基、高压喷射注浆地基、预压地基、土工合成材料地基等。

9.【答案】BDE

【解析】本题考查的是常见的地基处理技术。换填材料主要有中粗砂、碎石或卵石、灰土、素土、石屑、矿渣等。

10.【答案】ABD

【解析】本题考查的是锤击沉管灌注桩施工方法的应用。锤击沉管灌注桩施工方法适于在黏性土、淤泥、淤泥质土、稍密的砂石及杂填土层中使用,但不能在密实中粗砂、砂砾石、漂石层中使用。

11.【答案】ABCE

【解析】本题考查的是大体积混凝土防裂技术措施。宜采取以保温保湿养护为主体,抗放兼施为主导的大体积混凝土温控措施。大体积混凝土浇筑宜采用二次振捣工艺,浇筑面应及时进行二次抹压处理,减少表面收缩裂缝。

12. 【答案】CD

【解析】重锤夯实或强夯地基工程施工前应检查夯锤重量、尺寸、落距控制手段、排水设施及被夯地基的土质。施工中应检查落距、夯击遍数、夯点位置、夯击范围。施工结束后检查被夯地基的强度并进行承载力检验。

【案例一】

不妥之处一:混凝土浇筑从高处开始,沿短边方向自一端向另一端进行。

正确做法:混凝土浇筑从低处开始,沿长边方向自一端向另一端进行。

不妥之处二:混凝土保湿养护持续 7 d。

正确做法:混凝土保湿养护持续时间不少于 14 d。

不妥之处三:带模养护阶段,测温显示混凝土表面以内 80 mm 处的温度为 70 ℃,混凝土表面温度为 35 ℃。

正确做法:带模养护阶段,混凝土浇筑体表面 40~100 mm 处温度与混凝土表面温度差值不大于 25 ℃。

1A413040 建筑工程主体结构施工技术

1. 【答案】B

【解析】跨度 8m 要达到 75% 的强度,$40 \times 75\% = 30$ MPa。

底模及支架拆除时的混凝土强度要求

构件类型	构件跨度/m	达到设计的混凝土立方体抗压强度标准值的百分率/%
板	≤2	≥50
	>2,≤8	≥75
	>8	≥100
梁拱亮	≤8	≥75
	>8	≥100
悬臂构件		≥100

2. 【答案】A

【解析】快拆支架体系的支架立杆间距不应大于 2 m。拆模时应保留立杆并顶托支承楼板,拆模时的混凝土强度可取构件跨度为 2 m,拆模时的最低强度为设计强度的 50%。

3. 【答案】C

【解析】本题考查的是混凝土结构施工技术。当模板跨度不小于 4 m,模板是否起拱设计无具体要求时,其起拱高度为跨度的 1/1000~3/1000,对于本题是 0.78~2.34 cm。

4. 【答案】D

【解析】本题考查的是混凝土结构施工技术。钢筋的化学成分中,硫、磷为有害物质,应严格控制。

5. 【答案】C

【解析】本题考查的是混凝土结构施工技术。冷弯性是反映钢筋塑性性能的一种指标。

6. 【答案】C

【解析】本题考查的是钢筋配料的技术要求。

弯起钢筋的下料长度 = 直段长度 + 斜段长度 - 弯曲调整值 + 弯钩增加的长度

7. 【答案】B

【解析】本题考查的是钢筋混凝土结构楼板、次梁与主梁上层钢筋交叉处钢筋安装的顺序。梁板钢筋绑扎顺序为：板、次梁与主梁交叉处，板的钢筋在上，次梁的钢筋居中，主梁的钢筋在下；当有圈梁或垫梁时，主梁的钢筋在上。

8. 【答案】D

【解析】本题考查的是混凝土结构施工技术。浇筑混凝土时为避免发生离析现象，对于粗骨料料径小于 25 mm 时，混凝土自高处倾落的自由高度一般不应超过 6 m。

9. 【答案】B

【解析】本题考查的是混凝土的养护方法。混凝土的养护方法有自然养护和加热养护两大类。现场施工一般为自然养护。对已浇筑完毕的混凝土，应在混凝土终凝前（通常为混凝土浇筑完毕后 8 ~ 12 h 内），开始进行自然养护。

10. 【答案】C

【解析】本题考查的是砌体结构施工技术。砌筑砂浆的分层度不得大于 30 mm，确保砂浆具有良好的保水性。

11. 【答案】A

【解析】本题考查的是钢结构普通螺栓作为永久性连接螺栓使用时的要求。每个螺栓头侧放置的垫圈不应多于两个，螺母侧垫圈不应多于一个，并不得采用大螺母代替垫圈。

12. 【答案】A

【解析】本题考查的是钢结构施工技术。建筑工程中，普通螺栓连接钢结构时，其紧固次序应为从中间开始，对称向两边进行。

13. 【答案】D

【解析】本题考查的是预应力混凝土工程施工技术。梁中的无黏结预应力筋可对称张拉。

14. 【答案】A

【解析】本题考查的是预应力混凝土工程施工技术。当曲线无黏结预应力筋长度超过 35m 时，宜采用两端张拉。

15. 【答案】C

【解析】砂浆应采用机械搅拌，搅拌时间自投料完算起，应为：

（1）水泥砂浆和水泥混合砂浆，不得少于 2 min。

（2）水泥粉煤灰砂浆和掺用外加剂的砂浆，不得少于 3 min。

（3）预拌砂浆及加气混凝土砌块专用砂浆的搅拌时间应符合相关技术标准或按产品说明书采用。

16. 【答案】ABE

【解析】轻骨料混凝土小型空心砌块或蒸压加气混凝土砌块墙如无切实有效措施，不得使用于下列部位或环境：

（1）建筑物防潮层以下墙体。

（2）长期浸水或化学侵蚀环境。

（3）砌块表面温度高于 80 ℃ 的部位。

（4）长期处于有振动源环境的墙体。

17.【答案】ABCD

【解析】本题考查的是钢筋代换。

（1）代换原则：等强度代换或等面积代换。当构件配筋受强度控制时，按钢筋代换前后强度相等的原则进行代换；当构件按最小配筋率配筋时，或同钢号钢筋之间的代换，按钢筋代换前后面积相等的原则进行代换。当构件受裂缝宽度或挠度控制时，代换前后应进行裂缝宽度和挠度验算。

（2）钢筋代换时，应征得设计单位的同意，相应费用按有关合同规定（一般应征得业主同意）并办理相应手续。代换后钢筋的间距、锚固长度、最小钢筋直径、数量等构造要求和受力、变形情况均应符合相应规范要求。

18.【答案】ABCD

【解析】本题考查的是混凝土结构施工技术。受拉钢筋直径大于 25 mm、受压钢筋直径大于 28 mm 时，不宜采用绑扎搭接接头。

19.【答案】AE

【解析】本题考查的是混凝土结构施工技术。后浇带通常根据设计要求留设，并保留一段时间（若涉及无要求，则至少保留 28 d）后再浇筑，将结构连成整体。填充后浇带，可采用微膨胀混凝土，强度等级比原结构强度提高一级，并保持至少 14 d 的润湿养护。

20.【答案】BCD

【解析】本题考查的是砌筑方法。"三一"砌筑法，即一铲灰、一块砖、一揉压的砌筑方法。

21.【答案】ACE

【解析】高强度大六角头螺栓连接副施拧可采用扭矩法或转角法。同一接头中高强度螺栓连接副的初拧、复拧、终拧应在 24 h 内完成。高强度螺栓连接副初拧、复拧和终拧原则上应从接头刚度较大的部位向约束较小的方向、螺栓群中央向四周的顺序进行。

22.【答案】ADE

【解析】设有钢筋混凝土构造柱的抗震多层砖房，应先绑扎钢筋，而后砌砖墙，最后浇筑混凝土。墙与柱应沿高度方向每 500 mm 设置钢筋（一砖墙），每边伸入墙内不应少于 1 m。

1A413050 建筑工程防水工程施工技术

1.【答案】B

【解析】本题考查的是屋面防水工程施工技术。混凝土结构层宜采用结构找坡，坡度不应小于 3%；当采用材料找坡时，宜采用质量轻、吸水率低和有一定强度的材料，坡度宜为 2%。天沟、檐沟纵向找坡不应小于 1%。屋面防水应以防为主，以排为辅。

2.【答案】D

【解析】立面或大坡面铺贴防水卷材时，应采用满粘法，并宜减少卷材短边搭接。

3. 【答案】ACDE

【解析】本题考查的是屋面防水工程施工技术。屋面防水等级分为Ⅰ、Ⅱ级。

1A413060 建筑装饰装修工程施工技术

1. 【答案】C

【解析】本题考查的是墙体瓷砖饰面施工工艺顺序。墙体瓷砖饰面施工工艺顺序：基层处理→抹底层砂浆→排砖及弹线→浸砖→镶贴面砖→填缝与清理。

2. 【答案】D

【解析】本题考查的是吊顶工程施工技术。安装双层石膏板时，面层板与基层板的接缝应错开，不得在一根龙骨上。

3. 【答案】B

【解析】本题考查的是幕墙工程施工技术。避雷接地一般每三层与均压环连接。

4. 【答案】C

【解析】采用膨胀螺栓固定吊挂杆件。不上人的吊顶，吊杆长度小于 1 m 时，可以采用 $\phi6$ mm 的吊杆；如果大于 1 m，应采用 $\phi8$ mm 的吊杆；如果吊杆长度大于 1.5 m，还应在吊杆上设置反向支撑。上人的吊顶，吊杆长度小于或等于 1 m，可以采用 $\phi8$ mm 的吊杆；如果大于 1 m，则应采用 $\phi10$ mm 的吊杆。

5. 【答案】ABC

【解析】本题考查的是抹灰工程的功能。抹灰工程主要有两大功能：

（1）防护功能：保护墙体不受风、雨、雪的侵蚀，增加墙面防潮、防风化、隔热的能力，提高墙身的耐久性能、热工性能。

（2）美化功能：改善室内卫生条件，净化空气，美化环境，提高居住舒适度。

6. 【答案】ABDE

【解析】饰面板工程所有材料进场时应对品种、规格、外观和尺寸进行验收。

7. 【答案】ABDE

【解析】本题考查的是幕墙工程施工技术。在有镀膜层的构件上进行防雷连接，应除去镀膜层。

8. 【答案】AC

【解析】钢结构焊接完毕后，应进行隐蔽工程验收，验收合格后再涂刷防锈漆；全玻幕墙允许在现场打注硅酮结构密封胶。

1A420000 建筑工程项目施工管理

1A420010 项目施工进度控制方法的应用

1. 【答案】D

【解析】本题考查的是流水施工参数。流水强度是工艺参数。

2. 【答案】C

【解析】本题考查的是等步距异节奏流水施工的特点。专业工作队数大于施工过程数，是等步距异节奏流水施工特点之一。

3.【答案】C

【解析】本题考查的是流水施工方法在建筑工程中的应用。$T=(m+n-1)K$，$K=T/(m+n-1)=72/(3+4-1)=12$。

4.【答案】C

【解析】本题考查的是网络计划技术在建筑工程中的应用。D 工作总时差由 2 d 变成 -1 d，总时差的变化量为 2-(-1)=3 d，说明 D 工作拖后 3 d，但由于 D 工作总时差为 2 d，说明 D 工作有 2 d 的机动时间可以利用，所以只影响工期 1 d。

5.【答案】BCE

【解析】本题考查的是流水施工参数。流水施工参数有工艺参数、空间参数、时间参数。

【案例一】

1. 事件一中，最适宜采用等节奏流水施工组织形式。

流水施工通常还有无节奏流水施工、异节奏流水施工（等步距异节奏流水施工、异步距异节奏流水施工）等组织形式。

事件一中，流水施工进度计划横道图如下图所示。

施工过程	施工进度（周）												
	1	2	3	4	5	6	7	8	9	10	11	12	13
I	单体一		单体二		单体三		单体四						
II			单体一		单体二		单体三		单体四				
III						单体一		单体二		单体三		单体四	

流水施工工期的计算方法为 $T=(m+n-1)t+G$（已知 $m=4$，$n=3$，$t=2$，$G=1$）=$(4+3-1)\times2+1=13$ 周。

2. 事件二中，A、B、C、D 4 个施工单位之间的分包行为是否合法判断如下：

（1）A 施工单位将精装修和幕墙工程分包给 B 施工单位合法。

理由：因为合同约定总包单位可以除了主体结构外自行依法分包，且 B 施工单位具备相应资质，精装修和幕墙不是主体结构，所以 A 施工单位将精装修和幕墙工程分包给 B 施工单位合法。

（2）B 施工单位将幕墙工程分包给 C 施工单位不合法。

理由：属于分包再分包，是违法分包。

（3）B 施工单位将油漆劳务作业分包给 D 施工单位合法。

理由：根据有关规定，总承包单位和专业承包单位可以将所承担部分工程以劳务作业方式分包给具备相应资质和能力的劳务分包单位。D 施工单位为具有相应资质的劳务分包单位，且分包的工程为油漆工程属劳务作业，所以 B 施工单位分包给 D 施工单位分包行为合法。

3. 错误之处一：A 施工单位以油漆属建设单位提供为由，认为 B 施工单位应直接向建设单位提出索赔。

理由：B 施工单位与 A 施工单位有合同关系，B 施工单位与建设单位没有合同关系。

错误之处二：建设单位认为油漆进场时已由 A 施工单位进行了质量验证并办理了接收手续，其对油漆的质量责任已经完成，因油漆不合格而返工的损失应由 A 施工单位承担，建设单位拒绝受理该索赔。

理由：业主采购的物资，A 施工单位的验证不能取代业主对其采购物资的质量责任。

【案例二】

1. 双代号网络图如下图所示。

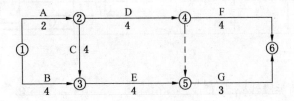

2. 首先分析关键线路，为 A→C→E→G；对比分析赶工费用，E 工作的最小，选择压缩 E 工作 1 个月，然后 E 工作无法再压缩；选择剩余工作中赶工费用最小的 C，压缩 1 个月。

3. 赶工费用：E 工作增加 1 万元/月 ×1 月 =1 万元。

C 工作增加 2 万元/月 ×1 月 =2 万元。

赶工费用总计 2 +1 =3 万元。

【案例三】

1. 施工总进度计划的关键线路有两条，即 B→E→G，B→F→H，如下图所示。

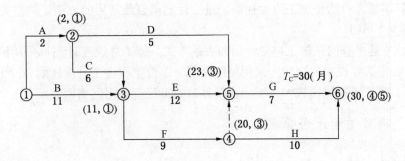

2. 风险等级为"大"的分部工程应满足条件：持续时间延长的可能性≥15%，且 20 万元≤损失量≤100 万元；或 5% ≤持续时间延长的可能性≤15%，损失量≥100 万元，因此风险等级为"大"的分部工程有 B、G。

风险等级为"很大"的分部工程应满足条件：持续时间延长的可能性≥15%，且损失量≥100 万元，因此风险等级为"很大"的分部工程有 D。

3. B分部工程组织加快的成倍节拍流水施工后,流水步距 = min{2月,1月,2月} = 1 月。

甲、乙、丙施工过程的工作队数分别为 $2 \div 1 = 2$, $1 \div 1 = 1$, $2 \div 1 = 2$, 故专业队总数 = 2 + 1 + 2 = 5。

B分部工程的流水施工工期 = $(3 + 5 - 1) \times 1 = 7$ 月。

B分部工程调整后的流水施工进度计划横道图如下图所示。

施工过程		施工进度（月）						
		1	2	3	4	5	6	7
甲	B₁₁	①		③				
	B₁₂		②					
乙	B₂			①	②	③		
丙	B₃₁				①		③	
	B₃₂					②		

【案例四】

1. 该网络计划的关键线路为①→②→⑥→⑧、①→③→⑦→⑧。

2. 罕见特大暴雨造成 B 工作停工 14 d, 索赔不成立。

理由: 罕见特大暴雨属于不可抗力, 但 B 工作的总时差为 3 周, 不影响总工期, 所以索赔不成立。

正值雨季, 连续降雨导致 E 工作停工 7 d, 索赔不成立。

理由: 施工时正值雨期, 连续降雨的停工属于一个有经验的承包商应合理预见的, 所以索赔不成立。

1A420020 项目施工进度计划的编制与控制

1. 【答案】A

【解析】本题考查的是施工进度控制。进度计划调整最常用的方法是调整关键工作。

2. 【答案】ACD

【解析】本题考查的是施工进度计划的表达方式。施工总进度计划可采用网络图或横道图表示, 并附必要说明, 宜优先采用网络计划。单位工程施工进度计划一般工程用横道图表示即可, 对于工程规模较大、工序比较复杂的工程宜采用网络图表示。

1A420030 项目质量计划管理

1. 【答案】C

【解析】本题考查的是项目质量管理应遵循的程序。项目质量管理程序的第一步是明确项目质量目标。

2. 【答案】C

【解析】本题考查的是项目质量计划的编制。施工项目质量计划应由项目经理组织编写。

3. 【答案】BCDE

【解析】项目质量计划编制的依据如下：

（1）工程承包合同、设计图纸及相关文件。

（2）企业的质量管理体系文件及其对项目部的管理要求。

（3）国家和地方相关的法律法规、技术标准、规范及有关施工操作规程。

（4）施工组织设计、专项施工方案。

【案例一】

1. 不妥之处一：施工单位项目总工程师主持编制了该项目的质量计划。

理由：应由施工单位项目经理主持编制该项目的质量计划。

不妥之处二：编制施工项目的质量计划依据业主对于工程质量创优的要求。

理由：编制施工项目的质量计划依据有工程承包合同、设计图纸及相关文件；企业和项目经理部的质量管理体系文件及其要求；国家和地方相关的法律法规、技术标准、规范，有关施工操作规程；施工组织设计、专项施工方案。

2. 项目质量计划还应包括：①进度控制措施；②场地、道路、水电、消防、临时设施规划；③施工质量检查、验收及其相关标准；④突发事件的应急措施；⑤对违规事件的报告和处理等。

1A420040 项目材料质量控制

1. 【答案】B

【解析】本题考查的是混凝土结构工程施工质量管理的有关规定。有抗震设防要求的框架结构的纵向受力钢筋抗拉强度实测值与屈服强度实测值之比不应小于1.25。

2. 【答案】C

【解析】建筑材料复试的取样原则是：

（1）项目应实行见证取样和送检制度。即在建设单位或监理工程师的见证下，由项目试验员在现场取样后送至试验室进行试验。见证取样和送检次数应按相关规定进行。

（2）送检的检测试样必须从进场材料中随机抽取，严禁在现场外抽取。试样应有唯一性标识，试样交接时，应对试样外观、数量等进行检查确认。

（3）工程的取样送检见证人，应由该工程建设单位书面确认，并委派在工程现场的建设或监理单位人员1～2名担任。见证人应具备与检测工作相适应的专业知识。见证人及送检单位对试样的代表性及真实性负有法定责任。

3. 【答案】ABCD

【解析】建筑材料的质量控制主要体现在以下4个环节：材料的采购、材料进场试验检验、过程保管和材料使用。

【案例一】

1. 施工单位还应增加钢筋原材伸长率、冷弯、单位长度重量偏差等检测项目。

通常情况下钢筋原材检验批量最大不宜超过60 t。

监理工程师的意见不正确。

理由：在此前因同厂家、同牌号的该规格钢筋已连续3次进场检验均一次检验合格，批量扩大1倍为120 t一批次。

2. 不妥之处：施工单位根据自身经验按 3 cm 起拱。

理由：会议厅框架柱柱间距为 8 m×8 m，由此可推断梁跨度约 8 m，其起拱高度为 8～24 mm，按 3 cm 起拱过大。

主梁、次梁、楼板交叉处钢筋正确的摆放位置为：楼板的钢筋在上，次梁的钢筋居中，主梁的钢筋在下。

【案例二】

1. 本工程基坑支护工程、降水工程、土方开挖工程为超过一定规模的危险性较大的分部分项工程。

理由：本工程地下 3 层，基础埋深 8.4 m，超过了 5 m。根据住房和城乡建设部建质〔2009〕87 号文件规定，开挖深度超过 5 m（含 5 m）的基坑的土方开挖、支护、降水工程为超过一定规模的危险性较大的分部分项工程，施工方案需要组织专家论证。

2. 不妥之处一：基坑直接开挖至设计标高。

理由：基坑采用机械开挖，挖至基底和边坡设计标高尺寸时，应预留 200～300 mm 厚度的土方进行人工清槽、修坡，避免超挖、扰动基层的地层。

不妥之处二：施工单位直接对软弱下卧层进行处理不妥。

理由：施工单位应会同监理单位、建设单位、勘察单位、设计单位一起确定处理方案并签字确认，不能由施工单位自行拟订方案后组织实施。

3. 工程验槽的做法不妥当。

理由：基坑验槽应由总监理工程师或建设单位项目负责人组织施工、设计、勘察、建设等单位相关人员共同参加验槽，检查基槽尺寸、标高、地基土与工程地质勘查报告、设计图纸是否相符，有无破坏原状土的结构或发生较大的扰动现象，并做好基坑验槽记录和隐蔽工程记录。

1A420050　项目施工质量管理

1. 【答案】A

【解析】本题考查的是防水工程质量检查与检验。检查屋面是否有渗漏、积水和排水系统是否畅通，应在雨后或持续淋水 2 h 后进行。

2. 【答案】CD

【解析】本题考查的是主体结构工程质量管理。钢筋混凝土实体检测包含混凝土强度、钢筋保护层厚度。

3. 【答案】ABC

【解析】土方回填应查验下列内容：

（1）回填土的材料要符合设计和规范的规定。

（2）填土施工过程中应检查排水措施、每层填筑厚度、回填土的含水量控制和压实程度。

（3）填方施工结束后应检查标高、边坡坡度、压实程度等是否满足设计或规范要求。

【案例一】

装饰公司的做法不妥当。

理由：装饰装修工程施工阶段的质量管理，除施工主管向施工工长进行的交底，工序前工长还应向班组长交底，作业前班组长向班组成员交底。

1A420060 项目施工质量验收

1.【答案】C

【解析】本题考查的是地基基础工程质量验收。由建设单位项目负责人（或总监理工程师）组织地基与基础分部工程验收工作，该工程的施工、监理（建设）、设计、勘察等单位参加。

2.【答案】A

【解析】本题考查的是装饰装修工程质量验收。幕墙工程安全和功能检测项目有硅酮结构胶的相容性试验，幕墙后置埋件的现场拉拔强度，幕墙的抗风压性能、空气渗透性能、雨水渗漏性能及平面变形性能。

3.【答案】C

【解析】当建筑工程质量不符合要求时，应按下列规定进行处理：

（1）经返工或返修的检验批，应重新进行验收。

（2）经有资质的检测机构检测鉴定能够达到设计要求的检验批，应予以验收。

（3）经有资质的检测机构检测鉴定达不到设计要求，但经原设计单位核算认可能够满足安全和使用功能的检验批，可予以验收。

（4）经返修或加固处理的分项、分部工程，满足安全及使用功能要求时，可按技术处理方案和协商文件的要求予以验收。

（5）经返修或加固处理仍不能满足安全或重要使用要求的分部工程及单位工程，严禁验收。

4.【答案】C

【解析】主体结构实体检验应由监理单位组织施工单位实施，并见证实施过程。

5.【答案】B

【解析】工程资料移交包括以下内容：

（1）施工单位应向建设单位移交施工资料。

（2）实行施工总承包的，各专业承包单位应向施工总承包单位移交施工资料。

（3）监理单位应向建设单位移交监理资料。

（4）工程资料移交时应及时办理相关移交手续，填写工程资料移交书、移交目录。

（5）建设单位应按国家有关法规和标准的规定向城建档案管理部门移交工程档案，并办理相关手续。有条件时，向城建档案管理部门移交的工程档案应为原件。

6.【答案】BCD

【解析】本题考查的是主体结构的内容。主体结构包括的内容主要有混凝土结构、钢管混凝土结构、砌体结构、钢结构、型钢混凝土结构、木结构、网架及索膜结构等子分部工程。

7.【答案】BE

【解析】分项工程质量验收合格的规定如下：

（1）所含检验批的质量均应验收合格。

（2）所含检验批的质量验收记录应完整。

1A420070　工程质量问题与处理

1.【答案】B

【解析】本题考查的是质量问题分类。较大事故，是指造成3人以上10人以下死亡，或者10人以上50人以下重伤，或者1000万元以上5000万元以下直接经济损失的事故。

【案例一】

1. 不妥之处一：现场相关人员10 min后向工程建设单位负责人报告事故。

理由：根据相关规定，事故现场有关人员应当立即向工程建设单位负责人报告。

不妥之处二：建设单位负责人接到事故报告4 h后向相关部门报告事故。

理由：建设单位负责人接到事故报告后，应当在1 h内向事故发生单位地县级以上人民政府建设主管部门和有关部门报告。

该事故为一般质量事故。

理由：一般事故是指造成3人以下的死亡，或者10人以下重伤，或者100万元以上1000万元以下直接经济损失的事故。

事故报告后出现新情况，以及事故发生之日起30 d内伤亡人数发生变化的，应当及时补报。应该补报人数为1人。

2. 防水混凝土施工缝出现渗漏水的原因如下：

（1）施工缝留的位置不当。

（2）未按照规定处理施工缝。

（3）下料方法不当，骨料集中于施工缝处。

（4）新老接槎部位产生收缩裂缝。

（5）钢筋过密，混凝土浇筑困难。

（6）缝内有杂物没有及时清除。

（7）在新旧混凝土之间形成夹层。

1A420080　工程安全生产管理

1.【答案】D

【解析】本题考查的是施工安全管理。不需要专家论证的专项方案，经施工单位审核合格后报监理单位，由项目总监理工程师签字审核后执行。

2.【答案】ACDE

【解析】危险源辨识的方法很多，常用的方法有专家调查法、头脑风暴法、德尔菲法、现场调查法、工作任务分析法、安全检查表法、危险与可操作性研究法、事件树分析法和故障树分析法等。

3.【答案】ACDE

【解析】本题考查的是组织专家论证的范围。深基坑工程：开挖深度超过5 m（含5 m）的基坑（槽）的土方开挖、支护、降水工程；工具式模板工程：包括滑模、爬模、飞模工程；地下暗挖工程、顶管工程、水下作业工程；架体高度20 m及以上悬挑式脚手架工程。

【案例一】

1. 安全措施计划中还应补充的内容有：

（1）工程概况。

（2）组织机构与职责权限。

（3）风险分析与控制措施。

（4）安全专项施工方案。

（5）资源配置与费用投入计划。

（6）检查评价、验证与持续改进。

2. 工人宿舍整改内容有：

（1）宿舍净高不得小于2.5 m。

（2）必须设置可开启式窗户。

（3）每间居住人员不得超过16人。

（4）宿舍内通道宽度不得小于0.9 m。

3. 施工安全检查的评定结论分为优良、合格、不合格3个等级；事件三中给出汇总表得分68分，则本次检查应评定为不合格。

1A420090 工程安全生产检查

1. 【答案】B

【解析】本题考查的是施工现场的定期安全检查制度。建筑施工企业应建立定期分级安全检查制度，定期安全属全面性和考核性的检查，建筑工程施工现场应至少每旬开展一次安全检查工作，施工现场的定期安全检查应由项目经理亲自组织。

2. 【答案】D

【解析】本题考查的是建筑工程安全检查标准。《基坑工程检查评分表》检查评定的保证项目包括施工方案、临边防护、基坑支护、基坑降排水、坑边荷载、安全防护、基坑开挖。

3. 【答案】C

【解析】本题考查的是建筑工程安全检查标准。安全检查的评定结论分为优良、合格、不合格3个等级。

4. 【答案】C

【解析】建筑工程安全检查在正确使用安全检查表的基础上，可以采用"听""问""看""量""测""运转试验"等方法进行。"看"主要是指查看施工现场安全管理资料和对施工现场进行巡视。

1A420100 工程安全生产隐患防范

1. 【答案】C

【解析】本题考查的是基础工程安全隐患方法。人工挖孔桩施工时桩孔开挖深度超过10 m时，应配置专门向井下送风的设备。

2. 【答案】B

【解析】本题考查的是脚手眼的留设。门窗洞口两侧石砌体300 mm，其他砌体200 mm

范围内；转角处石砌体 600 mm，其他砌体 450 mm 范围内。

3.【答案】A

【解析】本题考查的是脚手架搭设安全隐患防范。对高度在 24 m 以上的双排脚手架，宜采用刚性连墙件与建筑可靠连接。

4.【答案】ADE

【解析】脚手架在下列阶段应进行检查和验收：

（1）脚手架基础完工后，架体搭设前。

（2）每搭设完 6~8 m 高度后。

（3）作业层上施加荷载前。

（4）达到设计高度后或遇有六级及以上风或大雨后，冻结地区解冻后。

（5）停用超过一个月。

1A420110 常见安全事故类型及其原因

【案例一】

造成这起事故的原因如下：

（1）压型钢板安装班组 5 名工人违反安全技术规程，未按要求对压型钢板进行锚固，就向外安装钢板，致使用力不均，失稳坠落。

（2）屋面周边没有脚手架防护。

（3）施工中未按规定佩戴和使用安全带。

（4）安全教育不到位，作业人员安全意识淡薄。

（5）管理松懈，违章行为得不到及时制止。

1A420120 职业健康与环境保护控制

1.【答案】B

【解析】本题考查的是施工现场环境保护。在城市市区范围内从事建筑工程施工，项目必须在工程开工 15 d 以前向工程所在地县级以上地方人民政府环境保护管理部门申报登记。

2.【答案】C

【解析】本题考查的是文明施工。市区主要路段，现场设置封闭围挡高度至少 2.5 m。

3.【答案】ABDE

【解析】四节是指节能、节水、节村、节地。

4.【答案】ACDE

【解析】本题考查的是施工现场宿舍的管理。

（1）现场宿舍必须设置可开启式窗户，宿舍内的床铺不得超过 2 层，严禁使用通铺。

（2）现场宿舍内应保证由充足的空间，室内净高不得小于 2.5 m，通道宽度不得小于 0.9 m，每间宿舍居住人员不得超过 16 人。

（3）现场宿舍内应设置生活用品专柜，门口应设置垃圾桶。

（4）现场生活区内应提供为作业人员晾晒衣物的场地。

【案例一】

1. 应先建立场区控制网，再分别建立建筑物施工控制网，以平面控制网的控制点为基础，测设建筑物的主轴线及坐标方格网，根据主轴线再进行建筑物细部放样。

2. 施工中节水的技术要点为：

（1）施工中采用先进的节水施工工艺。

（2）现场搅拌用水、养护用水应采取有效的节水措施，严禁无措施浇水养护混凝土，现场机具、设备、车辆冲洗用水必须设立循环用水装置。

（3）项目临时用水应使用节水型产品，对生活用水与工程用水确定用水定额指标，并分别计量管理。

（4）现场机具、设备、车辆冲洗，喷洒路面，绿化浇灌等用水，优先采用非传统水源，尽量不使用市政自来水，力争施工中非传统水源和循环水的再利用量大于30%。

（5）保护地下水环境，采用隔水性能好的边坡支护技术，在缺水地区和地下水位持续下降的地区，基坑降水尽可能少抽取地下水；当基坑开挖抽水量大于 50×10^4 m³ 时，应进行地下水回避，并避免地下水被污染。

1A420130 造价计算与控制

1. 【答案】A

【解析】本题考查的是《建筑安装工程费用项目组成》的相关规定。措施费是指为完成工程项目施工，发生于该工程施工前和施工过程中非工程实体项目的费用，包括环境保护费、文明施工费、安全施工费、临时设施费、夜间施工费、二次搬运费、大型机械设备进出场及安拆费、混凝土及钢筋混凝土模板及支架费、脚手架费、已完工程及设备保护费、施工排水费、降水费。

【案例一】

1. 不妥之处一：市建委指定了专门的招标代理机构。

理由：违反招投标法律法规的规定，不得指定专门的招标代理机构。

不妥之处二：在投标期限内，先后有 A、B、C 3 家单位对招标文件提出了疑问，建设单位以一对一的形式书面进行了答复。

理由：针对一家单位提出了疑问的回复应以书面形式通知到所有潜在投标人，不能一对一答复。

2. 根据工程项目不同建设阶段，建设工程造价可以分为 6 类：①投资估算；②概算造价；③预算造价；④合同价；⑤结算价；⑥决算价。

该中标造价属于合同价。

1A420140 工程价款计算与调整

1. 【答案】B

【解析】本题考查的是建筑工程合同价款的确定与调整。预付备料款 = 660 × 20% = 132 万元，起扣点 = 660 - 132/60% = 440 万元。

【案例一】

1. 该酒店的装饰装修工程采用固定总价合同是妥当的。

理由：固定总价合同一般适用于施工条件明确、工程量能够较准确地计算、工期较短、技术不太复杂、合同总价较低且风险不大的工程项目。该工程基本符合这些条件，因此，采用固定总价合同是妥当的。

2. 建设工程合同按照承包工程计价方式可划分为固定价格合同、可调价格合同和成本加酬金合同。

【案例二】

1. 该项目工程预付款 $= 25025.00 \times 10\% = 2502.50$ 万元。

预付款的起扣点 $T = P - M/N = 25025.00 - 2502.50/60\% = 20854.17$ 万元。

2. 成本管理任务还包括成本计划、成本控制、成本分析、成本考核。

直接成本 $= 3000 + 17505 + 995 + 760 = 22260.00$ 万元。

间接成本 $= 450 + 525 = 975.00$ 万元。

1A420150 施工成本控制

1. 【答案】B

【解析】本题考查的是建筑工程施工成本的构成。挣值法分析的费用值分别是已经完成工作预算成本、已经完成工作实际费用、计划完成工作预算成本。

2. 【答案】A

【解析】本题考查的是施工成本控制。建筑工程成本分析方法中最常用的方法是因素分析法。

3. 【答案】C

【解析】本题考查的是施工成本控制。进度偏差 = 已完成工作预算成本 - 计划完成工作预算成本 $= (4000 \times 400 - 5000 \times 400)$ 元 $= -400000$ 元 $= -40$ 万元。

1A420160 材料管理

本节无练习题。

1A420170 施工机械设备管理

本节无练习题。

1A420180 劳动力管理

1. 【答案】A

【解析】本题考查的是劳务用工管理。劳务人员统计花名册不属于劳务管理工作内业资料。

【案例一】

1. B 公司向 A 公司提出的索赔不正确。

正确做法：B 公司就因 A 公司的拖延造成其开工推迟的工期和费用损失，应向建设单位提出索赔。

2. 根据《建设工程质量管理条例》的规定，工程承发包过程中的违法分包行为主要有：

（1）总承包单位将建设工程分包给不具备相应资质条件的单位的。

（2）建设工程总承包合同中未有约定，又未经建设单位认可，承包单位将其承包的部分建设工程交由其他单位完成的。

（3）施工总承包单位将建设工程主体结构的施工分包给其他单位的。

（4）分包单位将其承包的建设工程再分包的。

1A420190 施工招标投标管理

1.【答案】 B

【解析】 本题考查的是施工招标投标管理要求。招标人应当在招标文件中载明投标有效期。投标有效期从提交投标文件的截止之日起算。招标人应当确定投标人编制投标文件所需要的合理时间；但是，依法必须进行招标的项目，自招标文件开始发出之日起至投标人提交投标文件截止之日止，最短不得少于20 d。

2.【答案】 BD

【解析】 本题考查的是施工招标投标管理要求。选项 A 应该是大型基础设施、公用事业等关系社会公共利益、公众安全的项目，选项 C、E 属于可以不进行招标的工程。

3.【答案】 ACD

【解析】 两个以上法人或者其他组织可以组成一个联合体，以一个投标人的身份共同投标。联合体各方均应当具备承担招标项目的相应能力；国家有关规定或者招标文件对投标人资格条件有规定的，联合体各方均应当具备规定的相应资格条件。由同一专业的单位组成的联合体，按照资质等级较低的单位确定资质等级。联合体各方应当签订共同投标协议，明确约定各方拟承担的工作和责任，并将共同投标协议连同投标文件一并提交招标人。联合体中标的，联合体各方应当共同与招标人签订合同，就中标项目向招标人承担连带责任。招标人不得强制投标人组成联合体共同投标，不得限制投标人之间的竞争。

1A420200 合同管理

1.【答案】 C

【解析】 本题考查的是单价合同的应用。单价合同目前应用广泛。

【案例一】

1. 初始计划的总工期为20个月。关键线路为 A→D→F→I→K→M（或①→②→⑤→⑦→⑧→⑩→⑪）。

工作 E 的总时差为2个月。

2. 吊装机械闲置补偿费为 $600 \times 30 = 18000$ 元。

总工期延期为零。

理由：（1）建设单位原因造成的费用增加，应给予施工单位补偿。

（2）因为 E 工作有2个月的总时差，工作 E 的持续时间延长不影响总工期。

3. 项目监理机构不应批准补偿费用。

理由：百年一遇的洪水属于不可抗力事件，不可抗力事件发生后，承包人的机械设备损坏及停工损失由承包人承担。

项目监理机构不应批准工程延期。

理由：工作 G 为非关键工作，有 2 个月的总时差，虽然该工作停工 1 个月，但没有超过其总时差，不会影响到总工期，因此，不应批准工程延期。

【案例二】

1. 施工单位发现在施工合同文件中，专用条款、通用条款和中标通知书相关条款对于某一分项工程的义务的叙述存在自相矛盾的地方，根据施工合同文件的优先解释顺序，上述 3 种文件的顺序为中标通知书、专用条款、通用条款。因此，在这种情况下，当事人应当以中标通知书的解释为准。

2. 施工合同文件包括：①施工合同协议书；②中标通知书；③投标函及其附录；④专用合同条款及其附件；⑤通用合同条款；⑥技术标准和要求；⑦图纸；⑧已标价工程量清单或预算书；⑨其他合同文件。

3. 本工程采用总价合同的形式签订施工合同不合适。

现由：该项目工程图纸尚未完成，工程量难以确定，采用总价合同的形式容易在建设实施过程中造成经济纠纷。

1A420210 施工现场平面布置

1.【答案】ABC

【解析】本题考查的是施工平面图设计。现场不同施工阶段总平面布置图通常包括基础工程施工总平面图、主体结构工程施工总平面图、装饰工程施工总平面图。

1A420220 施工临时用电

1.【答案】B

【解析】本题考查的是临时用电管理。潮湿和易触及带电体场所的照明，电源电压不得大于 24 V。

2.【答案】B

【解析】本题考查的是临时用电管理。当采用专用变压器、TN－S 接零保护供电系统的施工现场，电气设备的金属外壳必须与保护零线连接。

3.【答案】ABC

【解析】一个开关不能同时直接控制两台及两台以上的设备，移动式配电箱的中心点与地面的垂直距离应为 0.8～1.6 m。

4.【答案】ABCD

【解析】本题考查的是临时用电管理。临时用电组织设计及变更必须由电气工程技术人员编制，相关部门审核，具有法人资格企业的技术负责人批准，经现场监理签认后实施。

1A420230 施工临时用水

1.【答案】ABCE

【解析】本题考查的是临时用水量的计算。临时用水量包括现场施工用水量、施工机械用水量、施工现场生活用水量、生活区生活用水量、消防用水量。同时应考虑使用过程中水量的损失。

1A420240 施工现场防火

1. 【答案】D

【解析】本题考查的是施工现场防火要求。建筑工程施工现场室外消火栓之间的距离不应大于120 m。

2. 【答案】D

【解析】本题考查的是消防器材的配备。

（1）临时搭设的建筑物区域内，每100 m^2 配备两个10 L灭火器。

（2）大型临时设施总面积超过1200 m^2 时，应配有专供消防用的太平桶、积水桶（池）、黄沙池，且周围不得堆放易燃物品。

（3）临时木料间、油漆间、木工机具间等，每25 m^2 配备一个灭火器。油库、危险品库应配备数量与种类匹配的灭火器、高压水泵。

3. 【答案】D

【解析】可燃材料库房单个房间的建筑面积不应超过30 m^2，易燃易爆危险品库房单个房间的建筑面积不应超过20 m^2。房间内任一点至最近疏散门的距离不应大于10 m，房门的净宽度不应小于0.8 m。

1A420250 项目管理规划

1. 【答案】A

【解析】本题考查的是项目管理规划。项目范围管理规划主要是对项目的过程范围和最终可交付工程的范围进行描述。

2. 【答案】ABCD

【解析】本题考查的是项目管理规划。施工项目管理规划的作用有：制定施工项目管理目标；规划实施项目目标的组织、程序和方法，落实责任；作为相应项目管理规范，在项目管理过程中贯彻执行；作为考核项目经理部的依据之一。

3. 【答案】ABCD

【解析】本题考查的是项目管理规范的编制。项目管理规划大纲编制的依据有：可行性研究报告，设计文件、标准、规范与有关规定，招标文件及有关合同文件，相关市场信息与环境信息。

1A420260 项目综合管理控制

1. 【答案】B

【解析】本题考查的是施工技术方案的管理。工程施工组织设计应由项目技术负责人组织专项交底会，由项目技术负责人向建设单位、监理单位、项目经理部相关部门、分包单位相关负责人进行书面交底。

2. 【答案】C

【解析】本题考查的是常用的地基处理技术。水泥粉灰碎石桩简称CFG桩。

3. 【答案】ABCD

【解析】本题考查的是建筑业 10 项新技术的应用。建筑业 10 项新技术包括地基基础与地下空间工程技术、混凝土技术、钢筋及预应力技术、模板及脚手架技术、钢结构技术、机电安装工程技术、绿色施工技术、防水技术、抗震加固与改造技术、信息化应用技术。

1A430000　建筑工程项目施工相关法规与标准

1A431000　建筑工程相关法规

1A431010　建筑工程建设相关法规

1.【答案】B

【解析】《建设工程质量管理条例》第 49 条规定：建设单位应当自建设工程竣工验收合格之日起 15 d 内，将建设工程竣工验收报告和规划、公安、消防、环保等部门出具的认可文件或者准许使用文件报建设行政主管部门或者其他有关部门备案。

2.【答案】C

【解析】本题考查的是建筑市场诚信行为信息管理办法。省级建设行政主管部门公布的良好行为记录信息公布期限一般为 3 年。

3.【答案】D

【解析】正常使用情况下，节能保温工程的最低保修期限为 5 年。

4.【答案】C

【解析】本题考查的是注册执业人员的违法责任。注册执业人员未执行民用建筑节能强制性标准的，由县级以上人民政府建设行政主管部门责令停止执业 3 个月以上 1 年以下；情节严重的，由颁发资格证书的部门吊销执业资格证书，5 年内不予注册。

1A431020　建设工程施工安全生产及施工现场管理相关法规

1.【答案】C

【解析】本题考查的是建筑工程安全生产责任制。依法批准开工报告的建设工程，建设单位应当自开工报告批准之日起 15 d 内，将保证安全施工的措施报送建设工程所在地的县级以上地方人民政府建设行政主管部门或者其他有关部门备案。

2.【答案】BCDE

【解析】本题考查的是施工单位项目负责人安全生产责任。施工单位项目负责人应当由取得相应执业资格的人员担任，对建设工程项目的安全施工负责，落实安全生产责任制度、安全生产规章制度和操作规程，确保安全生产费用的有效使用，并根据工程的特点组织制定安全施工措施，消除安全事故隐患，及时、如实报告生产安全事故。

【案例一】

依据《生产安全事故报告和调查处理条例》的规定，可以判定本事故属于较大事故。

错误之处一：施工总承包单位现场有关人员于 2 h 后向本单位负责人进行了报告。

正确做法：事故现场有关人员应当立即向本单位负责人报告。

错误之处二：施工总承包单位负责人接到报告 1 h 后向当地政府行政主管部门进行了

报告。

正确做法：施工总承包单位负责人接到报告应该在 1 h 内向事故发生地的县级以上人民政府安全生产监督管理部门和负有安全生产监督管理职责的有关部门报告；较大事故还要向省级有关部门报告。

报告事故应报告的内容主要有：事故发生单位概况，事故发生的时间、地点以及事故现场情况，事故的简要经过，事故已经造成或者可能造成的伤亡人数（包括下落不明的人数）和初步估计的直接经济损失，已经采取的措施，其他应当报告的情况。

1A432000 建筑工程相关技术标准

1A432010 建筑工程安全防火及室内环境污染控制的相关规定

1. 【答案】A

【解析】本题考查的是建筑内部装饰装修防火设计的有关规定。B_2 级的装修材料属于可燃性装修材料。

装修材料燃烧性能等级

等　　级	装修材料燃烧性能	等　　级	装修材料燃烧性能
A	不燃性	B_2	可燃性
B_1	难燃性	B_3	易燃性

2. 【答案】B

【解析】本题考查的是建筑内部装饰装修防火设计的有关规定。纤维石膏板是 B_1 级材料，其余均属于 A 级材料。

3. 【答案】D

【解析】本题考查的是《民用建筑工程室内环境污染控制规范》的相关规定。民用建筑工程根据控制室内环境污染的不同要求，划分为以下两类：

（1）Ⅰ类民用建筑工程：住宅、医院、老年建筑、幼儿园、学校教室等民用建筑工程。

（2）Ⅱ类民用建筑工程：办公楼、商店、旅馆、文化娱乐场所、书店、图书馆、展览馆、体育馆、公共交通等候室、餐厅、理发店等民用建筑工程。

4. 【答案】A

【解析】本题考查的是《民用建筑工程室内环境污染控制规范》的有关规定。再次检测时，抽检数量应增加 1 倍。

5. 【答案】C

【解析】图书室、资料室、档案室和存放文物的房间，其顶棚、墙面应采用 A 级装修材料，地面应采用不低于 A 级的装修材料。

1A432020 建筑工程地基基础工程的相关标准

1. 【答案】B

【解析】本题考查的是地下工程水泥砂浆防水层的养护。水泥砂浆终凝后应及时进行养护，养护时间不得少于 14 d。

2. 【答案】C

【解析】本题考查的是《建筑基坑支护技术规程》的有关规定。原状土放坡适用基坑侧壁安全等级为三级的基坑。

3. 【答案】ABE

【解析】本题考查的是地基基础工程施工质量管理的有关规定。基坑变形的监控值包括围护结构墙顶位移监控值、围护结构墙体最大位移监控值、地面最大沉降监控值。

4. 【答案】ABE

【解析】本题考查的是《建筑地基基础工程施工质量验收规范》的相关规定。属于一级基坑的有：

（1）重要工程或支护结构做主体结构一部分的基坑。

（2）开挖深度大于 10 m 的基坑。

（3）与邻近建筑物、重要设施的距离在开挖深度以内的基坑。

（4）基坑范围内有历史文物、重要管线需严加保护的基坑。

1A432030 建筑工程主体结构工程的相关标准

1. 【答案】A

【解析】本题考查的是砌体结构施工技术。气温超过 30 ℃时，现场拌制的砂浆应在 2 h 内使用完毕。

2. 【答案】B

【解析】本题考查的是混凝土施工技术。模板起拱高度为 6000 × （1/1000 ~ 3/1000）= 6 ~ 18 mm。

3. 【答案】B

【解析】本题考查的是混凝土结构工程施工质量管理的有关规定。在预应力混凝土结构中，严禁使用含氯化物的外加剂。

4. 【答案】D

【解析】本题考查的是混凝土结构工程施工质量管理的有关规定。当一次连续浇筑超过 1000 m³ 时，同一配合比的混凝土每 200 m³ 取样不得少于一次。1200/200 = 6。

5. 【答案】A

【解析】本题考查的是钢结构工程施工质量管理的有关规定。永久性普通螺栓紧固应牢固、可靠，外露丝扣不应少于 2 扣。

6. 【答案】ABCD

【解析】本题考查的是混凝土结构工程施工质量管理的有关规定。在浇筑混凝土之前，应进行钢筋隐蔽工程验收，其内容包括：纵向受力钢筋的牌号、规格、数量、位置等，钢筋的连接方式、接头位置、接头质量、接头面积百分率等，箍筋、横向钢筋的牌号、规格、数量、间距等，预埋件的规格、数量、位置等。

7. 【答案】CDE

【解析】本题考查的是混凝土结构工程施工质量管理的有关规定。水泥进场时的检查数量规定：按同一生产厂家、同一强度等级、同一品种、同一批号且连续进场的水泥，袋装不超过200 t为一批，散装不超过500 t为一批，每批抽样不少于一次。

1A432040 建筑工程屋面及装饰装修工程的相关标准

1. 【答案】ADE

【解析】本题考查的是地面工程施工质量管理的有关规定。整体面层施工后，抗压强度达到5 MPa后，方准上人行走；水泥砂浆面层砂浆宜采用硅酸盐水泥、普通硅酸盐水泥。

2. 【答案】BCDE

【解析】住宅室内装饰装修分户工程验收应提供下列检测资料：

（1）室内环境检测报告。

（2）绝缘电阻检测报告。

（3）水压试验报告。

（4）通水、通气试验报告。

（5）防雷测试报告。

（5）外窗气密性、水密性检测报告。

1A432050 建筑工程项目相关管理规定

1. 【答案】B

【解析】施工组织总设计应由总承包单位技术负责人审批。

2. 【答案】ABC

【解析】本题考查的是建筑施工组织设计管理的有关规定。施工组织设计按编制对象分成施工组织总设计、单位工程施工组织设计、施工方案。

3. 【答案】ABCD

【解析】本题考查的是建设工程项目管理的有关规定。项目经理部进行成本控制应依据的资料包括合同文件、成本计划、进度报告、工程变更与索赔资料。

4. 【答案】ABCD

【解析】项目经理部的成本管理应包括成本计划、成本控制、成本核算、成本分析、成本考核。

【案例一】

1. 不妥之处一：施工单位总工程师担任专家组组长。

理由：根据《危险性较大的分部分项工程安全管理办法》，该项目参建各方的人员均不得以专家身份参加专家论证会。

不妥之处二：邀请监理、设计单位技术负责人进入专家组。

理由：根据《危险性较大的分部分项工程安全管理办法》，该项目参建各方的人员均不得以专家身份参加专家论证会。

不妥之处三：专家组提出口头论证意见后离开，论证会结束。

理由：根据《危险性较大的分部分项工程安全管理办法》，方案经论证后，专家组应当提交书面论证报告，并在论证报告上签字确认。

2. 按造成损失严重程度划分，该事故应为较大质量事故。

判断依据：依据住房和城乡建设部《关于做好房屋建筑和市政基础设施工程质量事故报告和调查处理工作的通知》（建质〔2010〕111号），凡具备下列条件之一者为较大质量事故：由于质量事故，造成3人以上10人以下死亡；或者10人以上50人以下重伤；直接经济损失1000万元以上5000万元以下。

工程质量事故调查报告的内容主要有：

（1）事故项目及各参建单位概况。

（2）事故发生经过和事故救援情况。

（3）施工造成的人员伤亡和直接经济损失。

（4）事故发生的原因和事故性质。

（5）事故责任的认定和事故责任者的处理建议。

（6）事故防范和整改措施。

3. 除了国家标准发生重大修改的情况外，以下情况发生后也需要修改施工组织设计并重新审批：

（1）工程设计有重大修改。

（2）主要施工方法有重大调整。

（3）主要施工资源配置有重大调整。

（4）施工环境有重大改变。

【案例二】

1. C企业的投标文件应拒收。

理由：C企业的投标文件未按招标文件要求的提交投标文件的时间提交，招标人应当拒收。

2. 不妥之处一：消火栓周围1 m内不准存放物品。

正确方法：消火栓周围3 m内不准存放物品。

不妥之处二：木加工棚内配备2个种类个适的灭火器。

正确方法：应该是每25 m² 配备1个灭火器，95 m²/25 m² =3.8，所以95 m²应该配备4个灭火器。

3. 脚手架工程定期检查应重点检查的内容还有：

（1）扣件螺栓是否有松动。

（2）高度在24 m及以上的脚手架，其立杆的沉降与垂直度的偏差是否符合技术规范的要求。

（3）架体的安全防护措施是否符合要求。

（4）是否有超载使用的现象。

4. 工人宿舍整改内容如下：

（1）宿舍净高不得小于2.5 m。

（2）必须设置可开启式外窗。

（3）每间居住人员不得超过16人。

（4）宿舍内通道宽度不得小于0.9 m。

【案例三】

1. 根据《民用建筑工程室内环境污染控制规范》（GB 50325—2010）的相关规定，对有代表性的房间抽取数量不得少于 5%，并不得少于 3 间，房间总数少于 3 间时应全数检测。因此，抽取的数量为病房 60×5% ＝3，抽取 3 间；教学兼会议室只有 2 间，全数抽取；医生值班室 20×5% ＝1，小于 3 间，故应该抽取 3 间。

2. 教学兼会议室房间至少应测 3 个点。

理由：根据《民用建筑工程室内环境污染控制规范》（GB 50325—2010）的相关规定，房屋使用面积大于等于 100 m^2 且小于 500 m^2 时，检测点数不少于 3 个。该房间面积为 120 m^2，故不小于 3 个点。

3. 实际工程量为 1200 m^3 的结算价为 100×500×0.9＋1100×500＝595000 元。

实际工程量为 800 m^3 的结算价为 800×500×1.1＝440000 元。

4. 不妥之处一：用水准仪抄平，保证每一构件底模表面在同一平面上，无凹凸不平的问题。

理由：对于跨度不小于 4 m 的现浇钢筋混凝土梁、板，其模板应按设计要求起拱，当设计无具体要求时，起拱高度应为跨度的 1/1000～3/1000。

不妥之处二：浇筑完毕 20 h 后开始覆盖并养护。

理由：对已浇筑完毕的混凝土，应在混凝土终凝前（通常为混凝土浇筑完毕后 8～12 h 内）开始进行自然养护。

历 年 真 题

2014 年《建筑工程管理与实务》真题

一、单项选择题（共 20 题，每题 1 分。每题的备选项中，只有 1 个最符合题意）

1. 某受压细长杆件，两端铰支，其临界力为 50 kN，若将杆件支座形式改为两端固定，其临界力应为（   ）kN。

  A. 50   B. 100   C. 150   D. 200

2. 预应力混凝土构件的混凝土最低强度等级不应低于（   ）。

  A. C30   B. C35   C. C40   D. C45

3. 某受均布线荷载作用的简支梁，受力简图示意如下，其剪力图形状为（   ）。

4. 关于钢筋混凝土框架结构震害严重程度的说法，错误的是（   ）。

  A. 柱的震害重于梁   B. 角柱的震害重于内柱

  C. 短柱的震害重于一般柱   D. 柱底的震害重于柱顶

5. 下列水泥品种中，其水化热最大的是（   ）。

  A. 普通水泥   B. 硅酸盐水泥   C. 矿渣水泥   D. 粉煤灰水泥

6. 在混凝土配合比设计时，影响混凝土拌合物和易性最主要的因素是（   ）。

  A. 砂率   B. 单位体积用水量   C. 拌和方式   D. 温度

7. 关于高聚物改性沥青防水卷材的说法，错误的是（   ）。

  A. SBS 卷材尤其适用于较低气温环境的建筑防水

  B. APP 卷材尤其适用于较高气温环境的建筑防水

  C. 采用冷粘法铺贴时，施工环境温度不应低于 0 ℃

  D. 采用热熔法铺贴时，施工环境温度不应低于 − 10 ℃

8. 对施工控制网为方格网形式的建筑场地，最方便的平面点位放线测量方法是（   ）。

  A. 直角坐标法   B. 极坐标法

C. 角度前方交会法   D. 距离交会法

9. 关于岩土工程性能的说法，正确的是（　　）。
   A. 内摩擦角不是土体的抗剪强度指标
   B. 土体的抗剪强度指标包含有内摩擦力和内聚力
   C. 在土方填筑时，常以土的天然密度控制土的夯实标准
   D. 土的天然含水量对土体边坡稳定没有影响

10. 下列桩基施工工艺中，不需要泥浆护壁的是（　　）。
    A. 冲击钻成孔灌注桩   B. 回转钻成孔灌注桩
    C. 潜水电钻成孔灌注桩   D. 钻孔压浆灌注桩

11. 关于小型空心砌块砌筑工艺的说法，正确的是（　　）。
    A. 上下通缝砌筑
    B. 不可采用铺浆法砌筑
    C. 先绑扎构造柱钢筋后砌筑，最后浇筑混凝土
    D. 防潮层以下的空心小砌块砌体，应用 C15 混凝土灌实砌体的孔洞

12. 当设计无要求时，在 440 mm 厚的实心砌体上留设脚手眼的做法，正确的是（　　）。
    A. 过梁上一皮砖处   B. 宽度为 800 mm 的窗间墙上
    C. 距转角 550 mm 处   D. 梁垫下一皮砖处

13. 钢结构普通螺栓作为永久性连接螺栓使用时，其施工做法错误的是（　　）。
    A. 在螺栓一端垫两个垫圈来调节螺栓紧固度
    B. 螺母应和结构件表面的垫圈密贴
    C. 因承受动荷载而设计要求放置的弹簧垫圈必须设置在螺母一侧
    D. 螺栓紧固度可采用锤击法检查

14. 下列流水施工的基本组织形式中，其专业工作队数大于施工过程数的是（　　）。
    A. 等节奏流水施工   B. 异步距异节奏流水施工
    C. 等步距异节奏流水施工   D. 无节奏流水施工

15. 项目质量管理程序的第一步是（　　）。
    A. 收集分析质量信息并制定预防措施   B. 编制项目质量计划
    C. 明确项目质量目标   D. 实施项目质量计划

16. 施工现场临时配电系统中，保护零线（PE）的配线颜色应为（　　）。
    A. 黄色   B. 绿色   C. 绿/黄双色   D. 淡蓝色

17. 参评"建筑业新技术应用示范工程"的工程，应至少应用《建筑业 10 项新技术（2010）》推荐的建筑新技术中的（　　）项。
    A. 6   B. 7   C. 8   D. 9

18. 地下工程水泥砂浆防水层的养护时间至少应为（　　）。
    A. 7 d   B. 14 d   C. 21 d   D. 28 d

19. 厕浴间楼板周边上翻混凝土的强度等级最低应为（　　）。
    A. C15   B. C20   C. C25   D. C30

20. 某工地食堂发生食物中毒事故，其处理步骤包括：①报告中毒事故；②事故调

查；③事故处理；④处理事故责任者；⑤提交调查报告。下列处理顺序正确的是( )。

    A. ①④②③⑤   B. ②⑤④③①   C. ②④③①⑤   D. ①③②④⑤

二、多项选择题（共 10 题，每题 2 分。每题的备选项中，有 2 个或 2 个以上符合题意，至少有 1 个错项。错选，本题不得分；少选，所选的每个选项得 0.5 分）

21. 建筑结构应具有的功能有 ( )。

    A. 安全性   B. 舒适性

    C. 适用性   D. 耐久性

    E. 美观性

22. 下列钢材包含的化学元素中其含量增加会使钢材强度提高，但塑性下降的有 ( )。

    A. 碳   B. 硅

    C. 锰   D. 磷

    E. 氮

23. 大体积混凝土施工过程中，减少或防止出现裂缝的技术措施有 ( )。

    A. 二次振捣   B. 二次表面抹压

    C. 控制混凝土内部温度的降温速率   D. 尽快降低混凝土表面温度

    E. 保温保湿养护

24. 砖砌体"三一"砌筑法的具体含义是指 ( )。

    A. 一个人   B. 一铲灰

    C. 一块砖   D. 一揉压

    E. 一勾缝

25. 下列混凝土灌注桩质量检查项目中，在混凝土浇筑前进行检查的有 ( )。

    A. 孔深   B. 孔径

    C. 桩身完整性   D. 承载力

    E. 沉渣厚度

26. 下列参数中，属于流水施工参数的有 ( )。

    A. 技术参数   B. 空间参数

    C. 工艺参数   D. 设计参数

    E. 时间参数

27. 下列分部分项工程中，其专项施工方案必须进行专家论证的有 ( )。

    A. 架体高度 28 m 的悬挑脚手架   B. 开挖深度 10 m 的人工挖孔桩

    C. 爬升高度 80 m 的爬模   D. 埋深 10 m 的地下暗挖

    E. 开挖深度 5 m 的无支护土方开挖工程

28. 下列施工技术中，属于绿色施工技术的有 ( )。

    A. 自密实混凝土应用   B. 实心黏土砖应用

    C. 现场拌合混凝土   D. 建筑固体废弃物再利用

    E. 废水处理再利用

29. 建筑工程室内装饰装修需要增加的楼面荷载超过设计标准或者规范规定限值时，应当由 ( ) 提出设计方案。

A. 原设计单位　　　　　　　　　　B. 城市规划行政主管部门

C. 建设行政主管部门　　　　　　　D. 房屋的物业管理单位

E. 具有相应资质等级的设计单位

30. 施工总承包单位可以依法将承包范围内的（　　）工程分包给具有相应专业资质的企业。

A. 地下室混凝土结构　　　　　　　B. 填充墙砌筑作业

C. 混凝土框架结构　　　　　　　　D. 机电设备安装

E. 玻璃幕墙

三、案例分析题（共 5 题，前 3 题各 20 分，后 2 题各 30 分）

（一）

背景资料：

某办公楼工程，地下二层，地上十层，总建筑面积 27000 m²，现浇钢筋混凝土框架结构，建设单位与施工总承包单位签订了施工总承包合同，双方约定工期为 20 个月，建设单位供应部分主要材料。

在合同履行过程中，发生了下列事件：

事件一：施工总承包单位按规定向项目监理工程师提交了施工总进度计划网络图（如下图所示），该计划通过了监理工程师的审查和确认。

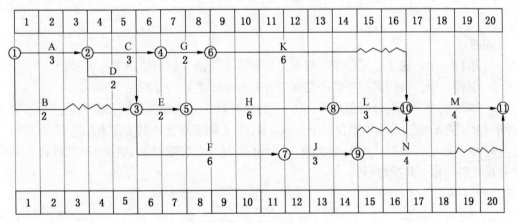

施工总进度计划网络图（时间单位：月）

事件二：工作 B（特种混凝土工程）进行 1 个月后，因建设单位原因修改设计导致停工 2 个月。设计变更后，施工总承包单位及时向监理工程师提出了费用索赔申请（如下表所示），索赔内容和数量经监理工程师审查符合实际情况。

费用索赔申请一览表

序号	内　容	数　量	计　算　式	备　注
1	新增特种混凝土工程费	500 m³	50 × 1050 = 525000	新增特种混凝土工程综合单价 1050 元/m³
2	机械设备闲置费补偿	60 台班	60 × 210 = 12600	台班费 210 元/（台班）
3	人工窝工费补偿	1600 工日	1600 × 85 = 136000	人工工日单价 85 元/（工日）

事件三：在施工过程中，由于建设单位供应的主材未能按时交付给施工总承包单位，致使工作 K 的实际进度在第 11 月底时拖后 3 个月；部分施工机械由于施工总承包单位原因未能按时进场，致使工作 H 的实际进度在第 11 月底时拖后 1 个月；在工作 F 进行过程中，由于施工工艺不符合施工规范要求导致发生质量问题，被监理工程师责令整改，致使工作 F 的实际进度在第 11 月底拖后 1 个月。施工总承包单位就工作 K、H、F 工期拖后分别提出了工期索赔。

事件四：施工总承包单位根据材料清单采购了一批装饰装修材料。经计算分析，各种材料价款占该批材料价款及累计百分比如下表所示。

各种装饰装修材料占该批材料价款的累计百分比一览表

序号	材 料 名 称	所占比例（%）	累计百分比（%）
1	实木门扇（含门套）	30.10	30.10
2	铝合金窗	17.91	48.01
3	细木工板	15.31	63.32
4	瓷砖	11.60	74.92
5	实木地板	10.57	85.49
6	白水泥	9.50	94.99
7	其他	5.01	100.00

问题：

1. 事件一中，施工总承包单位应重点控制哪条线路（以网络图节点表示）？

2. 事件二中，费用索赔申请一览表中有哪些不妥之处？分别说明理由。

3. 事件三中，分别分析工作 K、H、F 的总时差，并判断其进度偏差对施工总工期的影响。分别判断施工总承包单位就工作 K、H、F 工期拖后提出的工期索赔是否成立。

4. 事件四中，根据"ABC 分类法"，分别指出重点管理材料名称（A 类材料）和次要管理材料名称（B 类材料）。

（二）

背景资料：

某办公楼工程，建筑面积 45000 m²，钢筋混凝土框架 - 剪力墙结构，地下一层，地上十二层，层高 5 m，抗震等级一级，内墙装饰面层为油漆、涂料，地下工程防水为混凝土自防水和外卷材防水。

施工过程中，发生了下列事件：

事件一：项目部按规定向监理工程师提交调直后 HRB400Eφ12 钢筋复试报告。主要检测数据为：抗拉强度实测值 561 N/mm²，屈服强度实测值 460 N/mm²，实测重量 0.816 kg/m（HRB400Eφ12 钢筋：屈服强度标准值 400 N/mm²，极限强度标准值 540 N/mm²，理论重量 0.888 kg/m）。

事件二：五层某施工段现浇结构尺寸检验批验收表（部分）如下：

项目			允许偏差（mm）	检查结果（mm）									
一般项目	轴线位置	基础	15	10	2	5	7	16					
		独立基础	10										
		柱、梁、墙	8	6	5	7	8	3	9	5	9	1	10
		剪力墙	5	6	1	5	2	7	4	3	2	0	1
	垂直度	标高 ≤5 m	8										
		标高 >5 m											
		全高 H	H/1000 且≤30										
	标高	层高	±10	5	7	8	11	5	7	6	12	8	7
		全高	±30										

事件三：监理工程师对三层油漆和涂料施工质量检查中，发现部分房间有流坠、刷纹、透底等质量通病，下达了整改通知单。

事件四：在地下防水工程质量检查验收时，监理工程师对防水混凝土强度、抗渗性能和细部节点构造进行了检查，提出了整改要求。

问题：

1. 事件一中，计算钢筋的强屈比、屈强比（超屈比）、重量偏差（保留两位小数），并根据计算结果分别判断该指标是否符合要求。

2. 事件二中，指出验收表中的错误，计算表中正确数据的允许偏差合格率。

3. 事件三中，涂饰工程还有哪些质量通病？

4. 事件四中，地下工程防水分为几个等级？Ⅰ级防水的标准是什么？防水混凝土验收时，需要检查哪些部位的设置和构造做法？

（三）

背景资料：

某新建站房工程，建筑面积 56500 m²，地下一层，地上三层，框架结构，建筑总高 24 m，总承包单位搭设了双排扣件式钢管脚手架（高度 25 m），在施工过程中有大量材料堆放在脚手架上面，结果发生了脚手架坍塌事故。造成了 1 人死亡，4 人重伤，1 人轻伤，直接经济损失 600 多万元。

事故调查中，发现了下列事件：

事件一：经检查，本工程项目经理持有一级注册建造师证书和安全考核资格证书（B），电工、电气焊工、架子工持有特种作业操作资格证书。

事件二：项目部编制的重大危险源控制系统文件中，仅包含有重大危险源的辨识、重大危险源的管理、工厂选址和土地使用规划等内容，调查组要求补充完善。

事件三：双排脚手架连墙件被施工人员拆除了两处；双排脚手架同一区段，上下两层的脚手板上堆放的材料重量均超过 3 kN/m²。项目部对双排脚手架在基础完成后，架体搭设前，搭设到设计高度后，每次大风、大雨后等情况下均进行了阶段检查和验收，并形成书面检查记录。

问题：

1. 事件一中，施工企业还有哪些人员需要取得安全考核资格证书及其证书类别？与建筑起重作业相关的特种作业人员有哪些？

2. 事件二中，重大危险源控制系统还应由哪些组成部分？

3. 指出事件三中的不妥之处；脚手架还有哪些情况下也要进行阶段检查和验收？

4. 生产安全事故有哪几个等级？本事故属于哪个等级？

（四）

背景资料：

某大型综合商场工程，建筑面积 49500 m²，地下一层，地上三层，现浇钢筋混凝土框架结构，建安投资为 22000.00 万元，采用工程量清单计价模式，报价执行《建设工程工程量清单计价规范》（GB 50500—2013），工期自 2013 年 8 月 1 日至 2014 年 3 月 31 日，面向全国公开招标，有 6 家施工单位通过了资格预审进行投标。

从工程招投标至竣工决算的过程中，发生了下列事件：

事件一：市建委指定了专门的招标代理机构。在投标期限内，先后有 A、B、C 三家单位对招标文件提出了疑问，建设单位以一对一的形式书面进行了答复。经过评标委员会严格评审，最终确定 E 单位中标。双方签订了施工总承包合同（幕墙工程为专业分包）。

事件二：E 单位的投标报价构成如下，分部分项工程费为 16100.00 万元，措施项目费为 1800.00 万元，安全文明施工费为 322.00 万元，其他项目费为 1200.00 万元，暂列金额为 1000.00 万元，管理费 10%，利润 5%，规费为 1%，税金 3.413%。

事件三：建设单位按照合同约定支付了工程预付款，但合同中未约定安全文明施工费预支付比例，双方协商按照国家相关部门规定的最低预支付比例进行支付。

事件四：E 施工单位对项目部安全管理工作进行检查，发现安全生产领导小组只有 E 单位项目经理、总工程师、专职安全管理人员。E 施工单位要求项目部整改。

事件五：2014 年 3 月 30 日工程竣工验收，5 月 1 日双方完成竣工结算，双方书面签字确认于 2014 年 5 月 20 日前由建设单位支付工程款 560 万元（不含 5% 的保修金）给 E 施工单位。此后，E 施工单位 3 次书面要求建设单位支付所欠款项，但是截至 8 月 30 日建设单位仍未支付 560 万元的工程款。随即 E 施工单位以行使工程款优先受偿权为由，向法院提起诉讼，要求建设单位支付欠款 560 万元，以及拖欠利息 5.2 万元、违约金 10 万元。

问题：

1. 分别指出事件一中的不妥之处，并说明理由。

2. 列式计算事件二中 E 单位的中标造价是多少万元（保留两位小数），根据工程项目不同建设阶段，建设工程造价可划分为哪几类？该中标造价属于其中哪一类？

3. 事件三中，建设单位预支付的安全文明施工费最低是多少万元（保留两位小数）？并说明理由，安全文明施工费包括哪些费用？

4. 事件四中，项目安全生产领导小组还应有哪些人员（分单位列出）？

5. 事件五中，工程款优先受偿权自竣工之日起共计多少个月？E 单位诉讼是否成立？其可以行使的工程款优先受偿权是多少万元？

（五）

背景资料：

某办公楼工程，建筑面积45000 m²，地下二层，地上二十六层，框架－剪力墙结构，设计基础底标高为 -9.0 m，由主楼和附属用房组成，基坑支护采用复合土钉墙，地质资料显示，该开挖区域为粉质黏土且局部有滞水层。

施工过程中，发生了下列事件：

事件一：监理工程师在审查《复合土钉墙边坡支护方案》时，对方案中制定的采用钢筋网喷射混凝土面层、混凝土终凝时间不超过4 h 等构造做法及要求提出了整改完善的要求。

事件二：项目部在编制的"项目环境管理规划"中，提出了包括现场文化建设、保障职工安全等文明施工的工作内容。

事件三：监理工程师在消防工作检查时，发现一只手提式灭火器直接挂在工人宿舍外墙的挂钩上，其顶部离地面的高度为1.6 m；食堂设置了独立制作间和冷藏设施，燃气罐放置在通风良好的杂物间。

事件四：在砌体子分部工程验收时，监理工程师发现有个别部位存在墙体裂缝，监理工程师对不影响结构安全的裂缝砌体进行了验收，对可能影响结构安全的裂缝砌体提出了整改要求。

事件五：当地建设主管部门于10月17日对项目进行执法大检查，发现施工承包单位项目经理为二级注册建造师。为此，当地建设主管部门作出对施工总承包单位进行行政处罚的决定；于10月21日在当地建筑市场诚信信息平台上作出公示；并于10月30日将确认的不良行为记录上报了住房和城乡建设部。

问题：

1. 事件一中，基坑土钉墙护坡其面层的构造还应包括哪些技术要求？

2. 事件二中，现场文明施工还应包含哪些工作内容？

3. 事件三中，有哪些不妥之处并说明正确做法，手提式灭火器还有哪些放置方法？

4. 事件四中，监理工程师的做法是否妥当？对可能影响结构安全的裂缝砌体应如何整改验收？

5. 事件五中，分别指出当地建设主管部门的做法是否妥当？并说明理由。

2015 年《建筑工程管理与实务》真题

一、单项选择题（共 20 题，每题 1 分。每题的备选项中，只有 1 个最符合题意）。

1. 某厂房在经历强烈地震后，其结构仍能保持必要的整体性而不发生倒塌，此项功能属于结构的（　　）。

    A. 安全性　　　　　　B. 适用性　　　　　　C. 耐久性　　　　　　D. 稳定性

2. 某构件受力简图如图所示，则点 O 的力矩 M_0 为（　　）。

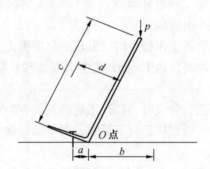

    A. pa　　　　　　　B. pb　　　　　　　C. pc　　　　　　　D. pd

3. 关于一般环境条件下建筑结构混凝土板构造要求的说法，错误的是（　　）。

    A. 屋面板厚度一般不小于 60 mm　　　　　B. 楼板厚度一般不小于 80 mm

    C. 楼板的保护层厚度不小于 35 mm　　　　D. 楼板受力钢筋间距不宜大于 250 mm

4. 代号为 P·O 的通用硅酸盐水泥是（　　）。

    A. 硅酸盐水泥　　　　　　　　　　　　　B. 普通硅酸盐水泥

    C. 粉煤灰硅酸盐水泥　　　　　　　　　　D. 复合硅酸盐水泥

5. 在工程应用中，钢筋的塑性指标通常用（　　）表示。

    A. 抗拉强度　　　　B. 屈服强度　　　　C. 强屈比　　　　D. 伸长率

6. 下列混凝土外加剂中，不能显著改善混凝土拌合物流变性能的是（　　）。

    A. 减水剂　　　　　B. 引气剂　　　　　C. 膨胀剂　　　　　D. 泵送剂

7. 木材的干缩、湿胀变形在各个方向上有所不同，变形量从小到大依次是（　　）。

    A. 顺纹、径向、弦向　　　　　　　　　　B. 径向、顺纹、弦向

    C. 径向、弦向、顺纹　　　　　　　　　　D. 弦向、径向、顺纹

8. 在进行土方平衡调配时，需要重点考虑的性能参数是（　　）。

    A. 天然含水量　　　B. 天然密度　　　　C. 密实度　　　　　D. 可松性

9. 针对渗透系数较大的土层，适宜采用的降水技术是（　　）降水。

    A. 真空井点　　　　B. 轻型井点　　　　C. 喷射井点　　　　D. 管井井点

10. 某跨度 8 m 的混凝土楼板，设计强度等级 C30，模板采用快拆支架体系，支架立杆间距 2 m，拆模时混凝土的最低强度是（　　）MPa。

A. 15   B. 22.5   C. 25.5   D. 30

11. 冬期浇筑的没有抗冻耐久性要求的 C50 混凝土，其受冻临界强度不宜低于设计强度等级的（   ）。

     A. 20%   B. 30%   C. 40%   D. 50%

12. 关于砖砌体施工要点的说法，正确的是（   ）。

     A. 半盲孔多孔砖的封底面应朝下砌筑

     B. 多孔砖的孔洞应垂直于受压面砌筑

     C. 马牙槎从每层柱脚开始先进后退设置

     D. 多孔砖应饱和吸水后进行砌筑

13. 关于型钢混凝土组合结构特点的说法，错误的是（   ）。

     A. 型钢不受含钢率限制   B. 抗震性能好

     C. 构件截面大   D. 承载能力高

14. 关于钢筋加工的说法，正确的是（ · ）。

     A. 不得采用冷拉调直   B. 不得采用喷砂除锈

     C. 不得反复弯折   D. 不得采用手动液压切断下料

15. 通常情况下，玻璃幕墙上悬开启窗最大的开启角度是（   ）。

     A. 30°   B. 40°   C. 50°   D. 60°

16. 关于等节奏流水施工的说法，错误的是（   ）。

     A. 各施工过程在各个施工段流水节拍相等

     B. 相邻施工过程的流水步距相等

     C. 专业工作队数等于施工过程数

     D. 各专业工作队在各施工段上不能连续作业

17. 防水砂浆施工时，其环境温度最低限制为（   ）。

     A. 0 ℃   B. 5 ℃   C. 10 ℃   D. 15 ℃

18. 气焊电石起火时，可以采用的灭火材料或器材是（   ）。

     A. 干砂   B. 水   C. 四氯化碳灭火器   D. 泡沫灭火器

19. 自坍塌事故发生之日起（   ）d 内，事故造成的伤亡人数发生变化的，应当及时补报。

     A. 7   B. 14   C. 15   D. 30

20. 燃烧性能等级为 B_1 级的装修材料其燃烧性为（   ）。

     A. 不燃   B. 难燃   C. 可燃   D. 易燃

二、多项选择题（共 10 题，每题 2 分。每题的备选项中，有 2 个或 2 个以上符合题意，至少有 1 个错项。错选，本题不得分；少选，所选的每个选项得 0.5 分）

21. 关于钢化玻璃特性的说法，正确的有（   ）。

     A. 使用时可以切割   B. 可能发生爆炸

     C. 碎后易伤人   D. 热稳定性差

     E. 机械强度高

22. 根据《建筑施工安全检查标准》（JGJ 59—2011），《模板支架检查评分表》保证项目有（   ）。

A. 施工方案　　　　　　　　　　　B. 支架构造
C. 底座与托撑　　　　　　　　　　D. 构配件材质
E. 支架稳定

23. 关于有机防火封堵材料特点的说法，正确的有（　　　　）。
    A. 不能重复使用　　　　　　　　　B. 遇火时发泡膨胀
    C. 优异的水密性能　　　　　　　　D. 优异的气密性能
    E. 可塑性好

24. 关于钢筋混凝土预制桩锤击沉桩顺序的说法，正确的有（　　　　）。
    A. 基坑不大时，打桩可逐排打设
    B. 对于密集桩群，从中间开始分头向四周或两边对称施打
    C. 当一侧毗邻建筑物时，由毗邻建筑物处向另一方向施打
    D. 对基础标高不一的桩，宜先浅后深
    E. 对不同规格的桩，宜先小后大

25. 下列连接节点中，使用于网架结构的有（　　　　）。
    A. 拉铆节点　　　　　　　　　　　B. 螺栓球节点
    C. 板节点　　　　　　　　　　　　D. 焊接空心球节点
    E. 相贯节点

26. 关于防水混凝土施工的说法，正确的有（　　　　）。
    A. 连续性浇筑，少留施工缝　　　　B. 宜采用高频机械分层振捣密实
    C. 施工缝宜留置在受剪力较大部位　D. 养护时间不少于 7 d
    E. 冬期施工入模温度不应低于 5 ℃

27. 混凝土振捣作业易发的职业病有（　　　　）。
    A. 电光性眼炎　　　　　　　　　　B. 一氧化碳中毒
    C. 噪声致聋　　　　　　　　　　　D. 手臂振动病
    E. 苯致白血病

28. 根据《建筑工程施工质量验收统一标准》（GB 50300—2013），施工单位技术、质量部门负责人必须参加验收的分部工程有（　　　　）。
    A. 地基与基础　　　　　　　　　　B. 主体结构
    C. 建筑装饰装修　　　　　　　　　D. 屋面
    E. 建筑节能

29. 下列施工方法中，属于绿色施工的是（　　　　）。
    A. 使用商品混凝土　　　　　　　　B. 采用人造板材模板
    C. 降低机械的满载率　　　　　　　D. 面砖施工前进行总体排版策划
    E. 采用专业加工配送的钢筋

30. 关于施工现场消防管理的说法，正确的有（　　　　）。
    A. 动火证当日有效　　　　　　　　B. 施工现场严禁吸烟
    C. 应配备义务消防人员　　　　　　D. 易燃材料仓库应设在上风方向
    E. 油漆料库内应设置调料间

三、案例分析题（共 5 题，共 120 分）

（一）

背景资料：

某群体工程，主楼地下二层，地上八层，总建筑面积 26800 m²，现浇钢筋混凝土框剪结构。建设单位分别与施工单位、监理单位按照《建筑工程施工合同（示范文本）》（GF-2013-0201）、《建设工程监理合同（示范文本）》（GF-2012-0202）签订了施工合同和监理合同。

合同履行过程中，发生了下列事件：

事件一：监理工程师在审查施工组织总设计时，发现其总进度计划部分仅有网络图和编制说明。监理工程师认为该部分内容不全，要求补充完善。

事件二：某单位工程的施工进度计划网络图如图 1 所示。因工艺设计采用某专利技术，工作 F 需要工作 B 和工作 C 完成以后才能开始施工。监理工程师要求施工单位对该进度计划网络图进行调整。

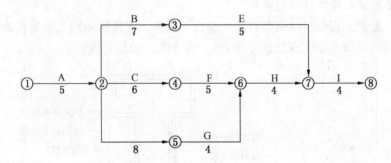

图 1　施工进度计划网络图（单位：月）

事件三：施工过程中发生索赔事件如下：

（1）由于项目功能调整变更设计，导致工作 C 中途出现停歇，持续时间比原计划超出 2 个月，造成施工人员窝工损失 13.6 万元/月 × 2 月 = 27.2 万元。

（2）当地发生百年一遇大暴雨引发泥石流，导致工作 E 停工、清理恢复施工共闲时 3 个月，造成施工设备损失费用 8.2 万元、清理和修复工程费用 24.5 万元。

针对上述（1）（2）事件，施工单位在有效时限内分别向建设单位提出 2 个月、3 个月的工期索赔，27.2 万元、32.7 万元的费用索赔（所有事项均与实际相符）。

事件四：某单体工程会议室主梁跨度为 10.5 m，截面尺寸（$b \times h$）为 450 mm × 900 mm。施工单位按规定编制了模板工程专项方案。

问题：

1. 事件一中，施工单位对施工总进度计划还需补充哪些内容？

2. 绘制事件二中调整后的施工进度计划网络图（双代号），指出其关键线路（用工作表示），并计算其总工期（单位：月）。

3. 事件三中，分别指出施工单位提出的两项工期索赔和两项费用索赔是否成立，并说明理由。

— 95 —

4. 事件四中，该专项方案是否需要组织专家论证？该梁跨中底模的最小起拱高度、跨中混凝土浇筑高度分别是多少（单位：mm）？

<h1 style="text-align:center">（二）</h1>

背景资料：

某高层钢结构工程，建筑面积 28000 m²，地下一层，地上十二层，外围护结构为玻璃幕墙和石材幕墙，外墙保温材料为新型保温材料；屋面为现浇钢筋混凝土板，防水等级为 1 级。采用卷材防水。

在施工过程中，发生了下列事件：

事件一：钢结构安装施工前，监理工程师对现场的施工准备工作进行检查，发现钢构件现场堆放存在问题。现场堆放应具备的基本条件不够完善。劳动力进场情况不符合要求，责令施工单位进行整改。

事件二：施工中，施工单位对幕墙与各楼层楼板间的缝隙防火隔离处理进行了检查，对幕墙的抗风压性能、空气渗透性能、雨水渗透性能、平面变形性能等有关安全和功能检测项目进行了见证取样或抽样检查。

事件三：监理工程师对屋面卷材防水进行了检查，法线屋面女儿墙墙根处等部位的防水做法存在问题（节点施工做法图示如下），责令施工单位整改。

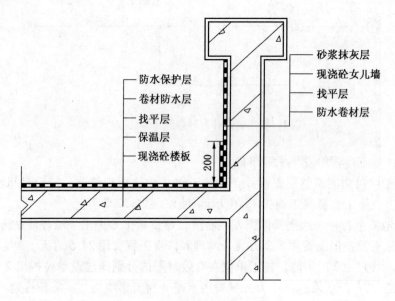

图 2 女儿墙防水节点施工做法图示

事件四：工程采用新型保温材料，按规定进行了材料评审、鉴定并备案，同时施工单位完成相应程序性工作后，经监理工程师批准投入使用。施工完成后，由施工单位项目负责人主持，组织总监理工程师、建设单位项目负责人、施工单位技术负责人、相关专业质量员和施工员进行了节能工程部分验收。

问题：

1. 事件一中，高层钢结构安装前现场的施工准备还应检查哪些工作？钢构件现场堆场应具备哪些基本条件？

2. 事件二中，建筑幕墙与各楼层楼板间的缝隙隔离的主要防火构造做法是什么？幕墙工程中有关安全和功能的检测项目有哪些？

3. 事件三中，指出防水节点施工图做法图示中的错误。

4. 事件四中，新型保温材料使用前还应有哪些程序性工程？节能分部工程的验收组织有什么不妥？

（三）

背景资料：

某新建钢筋混凝土框架结构工程，地下二层，地上十五层，建筑总高 58 m，玻璃幕墙外立面，钢筋混凝土叠合楼板，预制钢筋混凝土楼梯。基坑挖土深度为 8 m，地下水位位于地表以下 8 m，采用钢筋混凝土排桩＋钢筋混凝土内支撑支护体系。

在履约过程中，发生了下列事件：

事件一：监理工程师在审查施工组织设计时，发现需要单独编制专项施工方案的分项工程清单内列有塔吊安装拆除，施工电梯安装拆除、外脚手架工程。监理工程师要求补充完善清单内容。

事件二：项目专职安全员在安全"三违"巡视检查时，发现人工拆除钢筋混凝土内支撑施工的安全措施不到位，有违章作业现象，要求立即停止拆除作业。

事件三：施工员在楼层悬挑式钢质卸料平台安装技术交底中，要求使用卡环进行钢平台吊运与安装，并在卸料平台三个侧边设置 1200 mm 高的固定式安全防护栏杆，架子工对此提出异议。

事件四：主体结构施工过程中发生塔吊倒塌事故，当地县级人民政府接到事故报告后，按规定组织安全生产监督管理部门、负有安全生产监督管理职责的有关部门等派出的相关人员组成了事故调查组，对事故展开调查。施工单位按照事故调查组移交的事故调查报告中对事故责任者的处理建议对事故责任人进行处理。

问题：

1. 事件一中，按照《危险性较大的部门分项工程安全管理办法》（建质〔2009〕87号）规定，本工程还应单独编制哪些专项施工方案？

2. 事件二中，除违章作业外，针对操作行为检查的"三违"巡查还应包括哪些内容？混凝土内支撑还可以采用哪几类拆除方法？

3. 写出事件三中技术交底的不妥之处，并说明楼层卸料平台上安全防护与管理的具体措施。

4. 事件四中，施工单位对事故责任人的处理做法是否妥当？并说明理由。事故调查组应还有哪些单位派员参加？

（四）

背景资料：

某新建办公楼工程，建筑面积 48000 m²，地下二层，地上六层，中庭高度为 9 m，钢筋混凝土框架结构。经公开招投标，总承包单位以 31922.13 万元中标，其中暂定金额

1000 万元。双方依据《建设工程合同（示范文本）》（GF－2013－0201）签订了施工总承包合同，合同工期为2013 年7 月1 日起至2015 年5 月30 日止，并约定在项目开工前7 天支付工程预付款。预付比例为15%，从未完施工工程尚需的主要材料的价值相当于工程预付款额时开始扣回，主要材料所占比重为65%。

自工程招标开始至工程竣工结算的过程中，发生了下列事件：

事件一：在项目开工之前，建设单位按照相关规定办理施工许可证，要求总承包单位做好制定施工组织设计中的各项技术措施，编制专项施工组织设计，并及时办理政府专项管理手续等相关配合工作。

事件二：总承包单位进场前与项目部签订了《项目管理目标责任书》，授权项目经理实施全面管理，项目经理组织编制了项目管理规划大纲和项目管理实施规划。

事件三：项目实行资金预算管理，并编制了工程项目现金流量表，其中2013 年度需要采购钢筋总量为1800 t，按照工程款收支情况，提出两种采购方案：

方案一：以一个月为单位采购周期。一次性采购费用为320 元，钢筋单位为3500 元/t，仓库月储存率为4‰。

方案二：以两个月为单位采购周期。一次性采购费用为330 元，钢筋单位为3450 元/t，仓库月储存率为3‰。

事件四：总承包单位于合同约定之日正式开工，截至2013 年7 月8 日建设单位仍未支付工程预付款。于是总承包单位向建设单位提出如下索赔：购置钢筋资金占用费用1.88 万元、利润18.26 万元、税金0.58 万元，监理工程师签认情况属实。

事件五：总承包单位将工程主体劳务分给某劳务公司，双方签订了劳务分包合同，劳务分包单位进场后，总承包单位要求劳务分包单位将劳务施工人员的身份证等资料的复印件上报备案。某月总承包单位将劳务分包款拨付给劳务公司，劳务公司自行发放，其中木工班长代领木工工人工资后下落不明。

问题：

1. 事件一中，为配合建设单位办理施工许可证，总承包单位需要完成哪些保证工程质量和安全的技术文件与手续？

2. 指出事件二中的不妥之处，并说明正确做法，编制《项目管理目标责任书》的依据有哪些？

3. 事件三中，列式计算采购费用和储存费用之和，并确定总承包单位应选择哪种采购方案？现金流量表中应包括哪些活动产生的现金流量？

4. 事件四中，列式计算工程预付款、工程预付款起扣点（单位：万元，保留小数点后两位）。总承包单位的哪些索赔成立？

5. 指出事件五中的不妥之处，并说明正确做法，按照劳务实名制管理规定劳务公司还应该将哪些资料的复印件报总承包单位备案？

（五）

背景资料：

某建筑工程，占地面积8000 m^2，地下三层，地上三十层，框筒结构，结构钢筋采用HRB400 等级，底板混凝土强度等级 C35，地上三层及以下核心筒和柱混凝土强度等级为

C60，局部区域为两层通高报告厅，其主梁配置了无黏结预应力筋，某施工企业中标后进场组织施工，施工现场场地狭小，项目部将所有材料加工全部委托给专业加工厂进行场外加工。

在施工过程中，发生了下列事件：

事件一：在项目部依据《建设工程项目管理规范》（GB/T 50326—2006）编制的项目管理实施规划中，对材料管理等各种资源管理进行了策划，在资源管理计划中建立了相应的资源控制程序。

事件二：施工现场总平面布置设计中包含如下主要内容：①材料加工场地布置在场外；②现场设置一个出入口，出入口处设置办公用房；③场地周边设置 3.8 m 宽环形载重单车道主干道（兼消防车道），并进行硬化，转弯半径 10 m；④在干道外侧开挖 400 mm × 600 mm 管沟，将临时供电线缆、临时用水管线埋设于管沟内，监理工程师认为总平面布置设计存在多处不妥，责令整改后再验收，并要求补充主干道具体硬化方式和裸露场地文明施工防护措施。

事件三：项目经理安排土建技术人员编制了《现场施工用电组织设计》，经相关部门审核，项目技术负责人批准、总监理工程师签认，并组织施工等单位的相关部门和人员共同验收后投入使用。

事件四：本工程推广应用《建筑业 10 项新技术（2010）》，针对"钢筋及预应力技术"大项，可以在本工程中应用的新技术均制订了详细的推广措施。

事件五：设备安装阶段，发现拟安装在屋面的某空调机组重量超出塔吊限载值（额定起重量）约 6%。因特殊情况必须使用该塔吊进行吊装。经项目技术负责人安全验算后批准用塔吊起吊；起吊前先进行试吊，即将空调机组吊离地面 30 cm 后停止提升，现场安排专人进行观察与监护。监理工程师认为施工单位做法不符合安全规定，要求整改，对试吊时的各项检查内容旁站管理。

问题：

1. 事件一中，除材料管理外，项目资源管理工作还包括哪些内容？除资源控制程序外，资源管理计划还应包括哪些内容？

2. 针对事件二中施工总平面布置设计的不妥之处，分别写出正确做法，施工现场主干道常用硬化方式有哪些？裸露场地的文明施工防护通常有哪些措施？

3. 针对事件三中的不妥之处，分别写出正确做法，临时用电投入使用前，施工单位的哪些部门应参加验收？

4. 事件四中，按照《建筑业 10 项新技术（2010）》规定，"钢筋及预应力技术"大项中，在本工程中可以推广与应用的新技术都有哪些？

5. 指出事件五中施工单位做法不符合安全规定之处，并说明理由。在试吊时，必须进行哪些检查？

2016 年《建筑工程管理与实务》真题

一、单项选择题（共 **20** 题，每题 1 分。每题的备选项中，只有 **1** 个最符合题意）

1. 设计使用年限为 50 年，处于一般环境大截面钢筋混凝土柱，其混凝土强度等级不应低于（　　）。

    A. C15   B. C20   C. C25   D. C30

2. 既有建筑装修时，如需改变原建筑使用功能，应取得（　　）许可。

    A. 原设计单位   B. 建设单位   C. 监理单位   D. 施工单位

3. 下列建筑结构体系中，侧向刚度最大的是（　　）。

    A. 桁架结构体系   B. 筒体结构体系

    C. 框架—剪力墙结构体系   D. 混合结构体系

4. 下列水泥品种中，配制 C60 高强混凝土宜优先选用（　　）。

    A. 矿渣水泥   B. 硅酸盐水泥   C. 火山水泥   D. 复合水泥

5. 下列混凝土掺合料中，属于非活性矿物掺合料的是（　　）。

    A. 石灰石粉   B. 硅灰

    C. 沸石粉   D. 粒化高炉矿渣粉

6. 关于花岗石特性的说法，错误的是（　　）。

    A. 强度高   B. 密度大   C. 耐磨性能好   D. 属碱性石材

7. 框架结构的主梁、次梁与板交叉处，其上部钢筋从上往下的顺序是（　　）。

    A. 板、主梁、次梁   B. 板、次梁、主梁

    C. 次梁、板、主梁   D. 主梁、次梁、板

8. 关于土方回填施工工艺的说法，错误的是（　　）。

    A. 土料应尽量采用同类土   B. 应从场地最低处开始

    C. 应在相对两侧对称回填   D. 虚铺厚度根据含水量确定

9. 下列钢结构防火涂料类别中，不属于按使用厚度进行分类的是（　　）。

    A. B 类   B. CB 类   C. H 类   D. N 类

10. 下列塑料管材料类别汇总，最适合用做普通建筑雨水管道的是（　　）。

    A. PVC－C   B. PP－R   C. PVC－U   D. PEX

11. 下列暗龙骨吊顶工序的排序中，正确的是（　　）。

    ①安装主龙骨；②安装副龙骨；③安装水电管线；④安装压条；⑤安装罩面板

    A. ①③②④⑤   B. ①②③④⑤   C. ③①②⑤④   D. ③②①④⑤

12. 下列砌体结构墙体裂缝现象中，主要原因不是地基不均匀下沉引起的是（　　）。

    A. 纵墙两端出现斜裂缝   B. 裂缝通过窗口两个对角

    C. 窗间墙出现水平裂缝   D. 窗间墙出现竖向裂缝

13. 下列施工场所中，照明电压不得超过 12 V 的是（　　）。

    A. 地下车库   B. 潮湿场所   C. 金属容器内   D. 人防工程

14. 关于招标投标的说法，正确的是（　　）。

    A. 招标分为公开招标，邀请招标和议标

    B. 投标人少于 3 家应重新投标

    C. 多个法人不可以联合投标

    D. 招标人答疑仅需书面回复提出疑问的投标人

15. 建设工程的保修期自（　　）之日起计算。

    A. 施工完成　　　　B. 竣工验收合格　　　　C. 竣工验收备案　　　　D. 工程移交

16. 氡是一种无色、无味、无法察觉的惰性气体，主要从（　　）等材料中所出。

    A. 大理石　　　　B. 油漆涂料　　　　C. 复合地板　　　　D. 化纤地毯

17. 成型钢筋在进场时无须复验的项目是（　　）。

    A. 抗拉强度　　　　B. 弯曲性能　　　　C. 伸长率　　　　D. 重量偏差

18. 关于施工现场文明施工的说法，错误的是（　　）。

    A. 现场宿舍必须设置开启式窗户　　　　B. 现场食堂必须办理卫生许可证

    C. 施工现场必须实行封闭管理　　　　D. 施工现场办公区与生活区必须分开设置

19. 主持编制"项目管理实施规划"的是（　　）。

    A. 企业管理层　　　　　　　　B. 企业委托的管理单位

    C. 项目经理　　　　　　　　D. 项目技术负责人

20. 按新建民用建筑节能管理的要求，可不进行节能查验的材料或设备是（　　）。

    A. 结构材料　　　　B. 保温材料　　　　C. 制冷系统　　　　D. 照明设备

二、多项选择题（共 10 题，每题 2 分。每题的备选项中，有 2 个或 2 个以上符合题意，至少有 1 个错项。错选，本题不得分；少选，所选的每个选项得 0.5 分）

21. 室内疏散楼梯踏步最小宽度不小于 0.28 m 的工程类型有（　　）。

    A. 住宅　　　　　　　　B. 小学学校

    C. 宾馆　　　　　　　　D. 大学学校

    E. 体育馆

22. 建筑石膏的技术性能包括（　　）。

    A. 凝结硬化慢　　　　　　　　B. 硬化时体积微膨胀

    C. 硬化后孔隙率低　　　　　　　　D. 防水性能好

    E. 抗冻性差

23. 节能装饰型玻璃包括（　　）。

    A. 压花玻璃　　　　　　　　B. 彩色平板玻璃

    C. "Low - E" 玻璃　　　　　　　　D. 中空玻璃

    E. 真空玻璃

24. 可以起到防水深基坑坑底突涌的措施有（　　）。

    A. 集水明排　　　　　　　　B. 钻孔减压

    C. 井点降水　　　　　　　　D. 井点回灌

    E. 水平封底隔渗

25. 关于砌筑砂浆的说法，正确的有（　　）。

    A. 砂浆应采用机械搅拌

B. 水泥粉煤灰砂浆搅拌时间不得小于 3 min

C. 留置试块为边长 7.07 cm 的正方体

D. 同盘砂浆应留置两组试件

E. 6 个试件为一组

26. 无黏接预应力施工包含的工序有（　　　）。

A. 预应力筋下料　　　　　　　　　B. 预留孔道

C. 预应力筋张拉　　　　　　　　　D. 孔道灌浆

E. 锚头处理

27. 关于房面卷材防水施工要求的说法，正确的有（　　　）。

A. 先施工细部，再施工大面　　　　B. 平行屋脊搭接缝应顺流方向

C. 大坡面铺贴应采用满粘法　　　　D. 上下两层卷材垂直铺贴

E. 上下两层卷材长边搭接缝错开

28. 根据《建筑工程施工质量验收统一标准》（GB 50300—2013），属于主体结构分部的有（　　　）。

A. 混凝土结构　　　　　　　　　　B. 型钢混凝土结构

C. 铝合金结构　　　　　　　　　　D. 劲钢（管）混凝土结构

E. 网架和索膜结构

29. 塔式起重机按固定方式进行分类可分为（　　　）。

A. 伸缩式　　　　B. 轨道式　　　　C. 附墙式　　　　D. 内爬式

E. 自升式

30. 混凝土在高温施工环境下施工，可采取的措施有（　　　）。

A. 在早间施工　　　　　　　　　　B. 在晚间施工

C. 喷雾　　　　　　　　　　　　　D. 连续浇筑

E. 吹风

三、案例分析题（共 5 题，共 120 分）

（一）

背景资料：

某综合楼工程，地下三层，地上十三层，总建筑面积 68000 m²。地基基础设计等级为甲级，灌注桩筏板基础，现浇钢筋混凝土框架剪力墙结构，建设单位与施工单位按照《建设工程施工合同（示范文本）》（GF－2013－0201）签订了施工合同，约定竣工时需向建设单位移交变形测量报告，部分主要材料由建设单位采购提供。施工单位委托第三方测量单位进行施工阶段的建筑变形测量。

基础桩设计桩径 φ800 mm，长度 35～42 m，混凝土强度等级 C30，共计 900 根。施工单位编制的桩基施工方案中列明：采用泥浆护壁成孔、导管法水下灌注 C30 混凝土；灌注时桩顶混凝土面超过设计标高 500 mm；每根桩留置一组混凝土试件；成桩后按总桩数的 20% 对桩身质量进行检验。监理工程师审查时认为方案存在错误，要求施工单位改正后重新上报。地下结构施工过程中，测量单位按变形测量方案实施监测时，发现基坑周边地表出现明显裂缝，立即将此异常情况报告给施工单位。施工单位立即要求测量单位及时

采取相应的监测措施，并根据观测数据制定了后续防控对策。

装修施工单位将工地标准层（F6～F20）划分为三个施工段组织流水施工，各施工段上均包含三个施工工序，其流水节拍如下表所示：

标准层装修施工流水节拍参数一览表　　　　　　（单位：周）

流水节拍		施工过程		
		工序①	工序②	工序③
施工段	F6～F10	4	3	3
	F11～F15	3	4	6
	F16～F20	5	4	3

建设单位采购的材料进场复检结果不合格，监理工程师要求退场。因停工待料导致窝工，施工单位提出 8 万元费用索赔。材料重新进场施工完毕后，监理验收通过；由于该部位的特殊性，建设单位要求进行剥离检验，检验结果符合要求：剥离检验及恢复共发生费用 4 万元，施工单位提出 4 万元费用索赔。上述索赔均在要求时限内提出，数据经监理工程师核实无误。

问题：

1. 指出桩基施工方案中的错误之处，并分别写出相应的正确做法。

2. 变形测量发现异常情况后，第三方测量单位应及时采取哪些措施？针对变形测量，除基坑周边地表出现明显裂缝外，还有哪些异常情况也应立即报告委托方？

3. 参照下图图示，在答题卡上相应位置绘制标准层装修的流水施工横道图。

施工过程	施工进度（周）										
	1	2	3	4	5	6	7	8	9	10	…
工序①											
工序②											
工序③											

4. 分别判断施工单位提出的两项费用索赔是否成立，并写出相应理由。

（二）

背景资料：

某新建体育馆工程，建筑面积约 2300 m²，现浇钢筋混凝土结构，钢结构网架屋盖，地下一层，地上四层，地下室顶板设计有后张法预应力混凝土梁。

地下室顶板同条件养护试件强度达到设计要求时，施工单位现场生产经理立即向监理工程师口头申请拆除地下室顶板模板，监理工程师同意后，现场将地下室顶板及支架全部拆除。

"两年专项治理行动"检查时，二层混凝土结构经回弹取芯法检验，其强度不满足设计要求，经设计单位验算，需对二层结构进行加固处理，造成直接经济损失 300 余万元，工程质量事故发生后，现场有关人员立即向本单位负责人报告，并在规定的时间内逐级上报至市（设区）级人民政府住房和城乡建设主管部门，施工单位提交的质量事故报告内容包括：①事故发生的时间、地点、工程项目名称；②事故发生的简要经过，无伤亡；③事故发生后采取的措施及事故控制情况；④事故报告单位。

屋盖网架采用 Q390GJ 钢，因钢结构制作单位首次采用该材料，施工前，监理工程师要求其对首次采用的 Q390GJ 钢及相关的接头形式、焊接工艺参数、预热和后热措施等焊接参数组合条件进行焊接工艺评定。

填充墙砌体采用单排孔轻骨料混凝土小砌块，专用小砌块砂浆建筑，现场检查中发现：进场的小砌块产品期达到 21 d 后，即开始浇水湿润，待小砌块表面出现浮水后，开始砌筑施工；砌筑时将小砌块的底面朝上反砌于墙上，小砌块的搭接长度为块体长度的 1/3；砌体的砂浆饱满度要求为：水平灰缝 90% 以上，竖向灰缝 85% 以上；墙体每天砌筑高度为 1.5 m，填充墙砌筑 7 d 后进行顶砌施工；为施工方便，在部分墙体上留置了净宽度为 1.2 m 的临时施工洞口，监理工程师要求对错误之处进行整改。

问题：

1. 监理工程师同意地下室顶板拆模是否正确？背景资料中地下室顶板预应力梁拆除底模及支架的前置条件有哪些？

2. 本题中的质量事故属于哪个等级？指出事故上报的不妥之处，质量事故报告还应包括哪些内容？

3. 除背景资料已明确的焊接参数组合条件外，还有哪些参数的组合条件也需要进行焊接工艺评定？

4. 针对背景资料中填充墙砌体施工的不妥之处，写出相应的正确做法。

（三）

背景资料：

某新建工程，建筑面积 15000 m²，地下二层，地上五层，钢筋混凝土框架结构采用 800 mm 厚钢筋混凝土筏板基础，建筑总高 20 m。建设单位与某施工总承包单位签订了总承包合同。施工总承包单位将建设工程的基坑工程分包给了建设单位指定的专业分包单位。

施工总承包单位项目经理部成立了安全生产领导小组，并配备了 3 名土建类专业安全员，项目经理部对现场的施工安全危险源进行了分辨识别。编制了项目现场防汛应急救援预案，按规定履行了审批手续，并要求专业分包单位按照应急救援预案进行一次应急演练。专业分包单位以没有配备相应救援器材和难以现场演练为由拒绝。总承包单位要求专业分包单位根据国家和行业相关规定进行整改。

外装修施工时，施工单位搭设了扣件式钢管脚手架（如图）。架体搭设完成后进行了验收检查，并提出了整改意见。

项目经理组织参见各方人员进行高处作业专项安全检查。检查内容包括安全帽、安全网、安全带、悬挑式物料钢平台等。监理工程师认为检查项目不全面，要求按照《建筑施工安全检查标准》（JGJ 59—2011）予以补充。

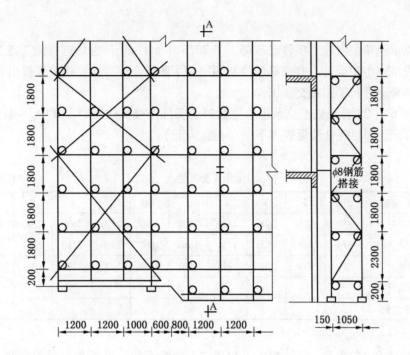

问题：

1. 本工程至少应配置几名专职安全员。根据《住房和城乡建设部关于印发建筑施工企业主要负责人、项目负责人和专职安全生产管理人员安全生产管理规定实施意见的通知》（〔2015〕206号），项目经理部配置的专职安全员是否妥当？并说明理由。

2. 对于施工总承包单位编制的防汛应急救援预案，专业分包单位应如何执行？

3. 指出背景资料中脚手架搭设的错误之处。

4. 按照《建筑施工安全检查标准》（JGJ 59—2011），现场高处作业检查的项目还应补充哪些？

（四）

背景资料：

某新建住宅楼工程，建筑面积43200 m²，框架剪力墙结构，投资额25910万元。建设单位自行编制了招标工程量清单等招标文件，其中部分条款内容为：本工程实行施工总承包模式，承包范围为土建、水电安装、内外装修及室外道路和小区园林景观；施工质量标准为合格；工程款按每月完成工作量的80%支付，保修金为总价的5%，招标控制价为25000万元；工期自2013年7月1日起至2014年9月30日止，工期为15个月；园林景观由建设单位指定专业承包单位施工。

某施工总承包单位按市场价格计算为25200万元，为确保中标最终以23500万元作为投标价，经公开招投标，该总承包单位中标，双方签订了工程施工总承包合同A，并上报建设行政主管部门，建设单位因资金紧张，提出工程款支付比例修改为按每月完成工作量的70%支付，并提出今后在同等条件下该施工总承包单位可以优先中标的条件。施工总承包单位同意了建设单位这一要求，双方据此重新签订了施工总承包合同B，约定以此执行。

施工总承包单位组建了项目经理部，于 2013 年 6 月 20 日进场进行施工准备，进场 7 天内，建设单位组织设计、监理等单位共同完成了图纸会审工作，相关方提出并会签了意见，项目经理部进行了图纸交底工作。

2013 年 6 月 28 日，施工总承包单位编制了项目管理实施规划，其中，项目成本目标为 21620 万元，项目现金流量表如下（单位：万元）：

项目现金流量表　　　　　　　（单位：万元）

工期（月）名称	1	2	3	4	5	6	7	8	9	10	…
月完成工作量	450	1200	2600	2500	2400	2400	2500	2600	2700	2800	…
现金流入	315	840	1820	1750	1650	1680	1750	2210	2290	2380	…
现金流出	520	980	2200	2120	1500	1200	1400	1700	1500	2100	…
月净现金流量											…
累计净现金流量											…

截至 2013 年 12 月末，累计发生工程成本 10395 万元，处置废旧材料所得 3.5 万元，获得贷款资金 800 万元，施工进度奖励 146 万元。

内装修施工时，项目经理部发现建设单位提供的工程量清单中未包括一层公共区域楼地面面层子目，铺粘面积 1200 m²。因招标工程量清单中没有类似子目，于是项目经理部按照市场价格信息重新组价。综合单价 1200 元/m²，经现场专业工程师审核后上报建设单位。

2014 年 9 月 30 日工程通过竣工验收。建设单位依照相关规定，提交了工程竣工验收备案表，工程竣工验收报告，人防及消防单位出具的验收文件，并获得规划、环保等部门出具的认可文件，在当地建设行政主管部门完成了相关备案工作。

问题：

1. 双方签订合同的行为是否违法？双方签订的哪份合同有效？施工单位遇到此类现象时，需要把握哪些关键点？

2. 工程图纸会审还应该有哪些单位参加？项目经理部进行图纸交底工作的目的是什么？

3. 项目经理部制定项目成本计划的依据有哪些？施工至第几个月时项目累计现金流为正？该月的累计净现金流是多少万元？

4. 截至 2014 年 12 月末，本项目的合同完工进度是多少？建造合同收入是多少万元（保留小数点后两位）？资金供应需要考虑哪些条件？

5. 招标单位应对哪些招标工程量清单总体要求负责？除工程量清单漏项外，还有哪些情况允许调整招标工程量清单所列工程量？依据本合同原则计算一层公共区域楼地面面层的综合单价（单位：元/m²）及总价（单位：万元，保留小数点后两位）分别是多少？

6. 在本项目的竣工验收备案工作中，施工总承包单位还要向建设单位提交哪些文件？

（五）

背景资料：

某住宅楼工程，场地占地面积约为 10000 m²。地下 2 层，地上 16 层，层高 2.8 m，檐口高 47 m，结构设计为筏板基础，剪力墙结构，施工总承包单位为外地企业，在本项目所在地设有分公司。

本工程项目经理组织编制了项目施工组织设计，经分公司技术部经理审核后，报分公司总工程师（公司总工程师授权）审批；由项目技术部经理主持编制外脚手架（落地式）施工方案，经项目总工程师审批；专业承办单位组织编制塔吊安装拆卸方案，按规定经专家论证后，报施工总承包单位总工程师、总监理工程师、建设单位负责人签字批准实施。

在施工现场消防技术方案中，临时施工道路（宽 4 m）与施工（消防）用主水管沿在建住宅楼环状布置。消火栓设在施工道路内侧，距路中线 5 m，在建住宅楼外边线距道路中线 9 m。施工用水管计算中，现场施工用水量（$q_1 + q_2 + q_3 + q_4$）为 8.5 L/s，管网水流速度 1.6 m/s，漏水损失 10%，消防用水量按最小用水量计算。

根据项目试验计划，项目总工程师会同实验员选定在 1、3、5、7、9、11、13、16 层各留置一组 C30 混凝土同条件养护试件，试件在浇筑点制作，脱模后放置在下一层楼梯口处，第 5 层的 C30 混凝土同条件养护试件强度实验结果为 28 MPa。

施工过程中发生塔吊倒塌事故，在调查塔吊基础时发现：塔吊基础为 6 m × 6 m × 0.9 m，混凝土强度等级为 C20，天然地基持力层承载力特征值（f_{ah}）为 130 kPa，施工单位仅对地基承载进行计算，并据此判断满足安全需求。

针对项目发生的塔吊事故，当地建设行政主管部门认定为施工总承包单位的不良行为记录，对其诚信行为记录及时进行了公布、上报，并向施工程承包单位工商注册所在地的建设行政主管部门进行了通报。

问题：

1. 指出项目施工组织设计、外脚手架施工方案、塔吊安装拆卸方案编制、审批的不妥之处，并写出相应的正确做法。

2. 指出施工现场消防技术方案的不妥之处，并写出相应的正确做法；施工总用水量是多少（单位：L/s）？施工用水主管的计算管径是多少（单位：mm，保留两位小数）？

3. 题中同条件养护试件的做法有何不妥？并写出正确做法。第 5 层 C30 混凝土同条件养护试件的强度代表值是多少？

4. 分别指出项目塔吊基础设计计算和构造中的不妥之处，并写出正确做法。

5. 分别写出项目所在地和企业工商注册所在地建设行政主管部门对施工企业诚信行为记录的管理内容有哪些。

历年真题答案与解析

2014 年《建筑工程管理与实务》真题答案与解析

一、单项选择题

1.【答案】D

【解析】本题考查的是杆件稳定的基本概念。两端固定时，$l_0 = 0.5l$；两端铰支时，$l_0 = l$，然后依据公式计算得出答案。

2.【答案】C

【解析】本题考查的是混凝土结构耐久性的要求。预应力混凝土构件的混凝土最低强度等级不应低于 C40。

3.【答案】D

【解析】本题考查的是平面力系的平衡条件及其应用。简支梁的剪力图为 D。

4.【答案】D

【解析】本题考查的是抗震构造措施。柱顶的震害重于柱底。

5.【答案】B

【解析】本题考查的是常用水泥的特性及应用。常用水泥中硅酸盐水泥的水化热大。

6.【答案】B

【解析】本题考查的是混凝土的技术性能。单位体积用水量决定水泥浆的数量和稠度，它是影响混凝土和易性的最主要因素。

7.【答案】C

【解析】本题考查的是地下防水工程质量管理的基本规定。高聚物改性沥青防水卷材采用冷粘法铺贴时，施工环境温度不应低于 5 ℃。

8.【答案】A

【解析】本题考查的是施工测量的方法。当建筑场地的施工控制网为方格网或轴线形式时，采用直角坐标法放线最为方便。

9.【答案】B

【解析】本题考查的是岩土的工程性能。内摩擦角是土体的抗剪强度指标；在土方填筑时，常以土的干密度控制土的夯实标准；土的天然含水量对挖土的难易、土方边坡的稳定、填土的压实等均有影响。

10.【答案】D

【解析】本题考查的是钢筋混凝土灌注桩基础施工技术。钻孔灌注桩有冲击钻成孔灌注桩、回转钻成孔灌注桩、潜水电钻成孔灌注桩及钻孔压浆灌注桩等。除钻孔压浆灌注桩外，其他 3 种均为泥浆护壁钻孔灌注桩。

11. 【答案】C

【解析】本题考查的是混凝土小型空心砌块砌体工程。选项 A 应该为错缝搭接，选项 B 应该为可以采用铺浆法砌筑，选项 D 混凝土强度应该为 C20。

12. 【答案】C

【解析】本题考查的是脚手眼的留设。转角处石砌体 600 mm，其他砌体 450 mm 范围内，不得设置脚手眼。

13. 【答案】A

【解析】本题考查的是普通螺栓作为永久性连接螺栓使用时的要求。每个螺栓一端不得垫两个及以上的垫圈，并不得采用大螺母代替垫圈。

14. 【答案】C

【解析】本题考查的是等步距异节奏流水施工的特点。专业工作队数大于施工过程数，是等步距异节奏流水施工特点之一。

15. 【答案】C

【解析】本题考查的是项目质量管理应遵循的程序。项目质量管理程序的第一步是明确项目质量目标。

16. 【答案】C

【解析】本题考查的是电缆线路敷设基本要求。绿/黄双色芯线必须用做 PE 线。

17. 【答案】A

【解析】本题考查的是建筑业 10 项新技术应用。建筑业新技术应用示范工程是指推广应用 6 项（含）以上《建筑业 10 项新技术（2010）》中推荐的建筑新技术的工程。

18. 【答案】B

【解析】本题考查的是地下工程水泥砂浆防水层的养护。水泥砂浆终凝后应及时进行养护，养护时间不得少于 14 d。

19. 【答案】B

【解析】本题考查的是地面工程基层铺设的要求。楼层结构必须采用现浇混凝土或整块预制混凝土板，混凝土强度等级不应小于 C20。

20. 【答案】D

【解析】本题考查的是项目职业健康安全管理。处理职业健康安全事故应遵循下列程序：①报告安全事故；②事故处理；③事故调查；④处理事故责任者；⑤提交调查报告。

二、多项选择题

21. 【答案】ACD

【解析】本题考查的是建筑结构功能。建筑结构功能包括安全性、适用性、耐久性。

22. 【答案】ADE

【解析】本题考查的是钢材化学成分及其对钢材性能的影响。氮对钢材性质的影响与碳、磷相似，会使钢材强度提高，塑性特别是韧性显著下降。

23. 【答案】ABCE

【解析】本题考查的是大体积混凝土防裂技术措施。宜采取以保温保湿养护为主体、抗放兼施为主导的大体积混凝土温控措施。大体积混凝土浇筑宜采用二次振捣工艺，浇筑面应及时进行二次抹压处理，减少表面收缩裂缝。

24.【答案】BCD

【解析】本题考查的是砌筑方法。"三一"砌筑法，即一铲灰、一块砖、一揉压的砌筑方法。

25.【答案】ABE

【解析】本题考查的是混凝土灌注桩质量控制。混凝土灌注桩在浇筑前应检查孔深、孔径和沉渣厚度。

26.【答案】BCE

【解析】本题考查的是流水施工参数。流水施工参数有工艺参数、空间参数、时间参数。

27.【答案】ACDE

【解析】本题考查的是组织专家论证的范围。深基坑工程：开挖深度超过 5 m（含 5 m）的基坑（槽）的土方开挖、支护、降水工程；工具式模板工程：包括滑模、爬模、飞模工程；地下暗挖工程、顶管工程、水下作业工程；架体高度 20 m 及以上悬挑式脚手架工程。

28.【答案】ADE

【解析】本题考查的是绿色施工技术。大力发展现场监测技术、低噪声的施工技术、现场环境参数检测技术、自密实混凝土施工技术、清水混凝土施工技术、建筑固体废弃物再生产品在墙体材料中的应用技术、新型模板及脚手架技术等。

29.【答案】AE

【解析】本题考查的是装饰装修行为的监督和批准。装饰装修行为需经批准的，需提交有关部门的批准文件；超过设计标准（规范），增加楼面荷载的，需提交原设计单位或具有相应资质的设计单位的设计方案；改动卫生间、厨房内防水层的，应提交按防水标准制定的施工方案。

30.【答案】BDE

【解析】本题考查的是分包范围。填充墙属于主体结构，但填充墙砌筑作业属于劳务作业，可以劳务分包，劳务分包范围包括木工作业、砌筑作业、抹灰作业、石制作业、油漆作业、钢筋作业、混凝土作业、脚手架作业、模板作业、焊接作业等。机电设备安装、玻璃幕墙不属于主体结构，可以分包。

三、案例分析题

（一）

1. ①→②→③→⑤→⑧→⑩→⑪。

2. 不妥之处一：新增特种混凝土工程费列入索赔申请。

理由：新增特种混凝土工程费属于设计变更引起的，应该按照变更处理，确定新综合单价后，提交变更估价申请。

不妥之处二：机械设备闲置费补偿按照台班费计算索赔费用。

理由：如果是自由设备，台班费含有设备使用费，应按照折旧费计算索赔费用。

不妥之处三：人工窝工费补偿按照人工工日单价计算索赔费用。

理由：根据相关规定，人工窝工不应按原人工工日单价计算，只能依据合同文件明确

（约定）的人工窝工费标准计算。

3. $T_{FK}=2$，$T_{FH}=0$，$T_{FF}=2$。拖延总工期 1 个月。

K 工期拖后提出的工期索赔，成立。

H 工期拖后提出的工期索赔，不成立。

F 工期拖后提出的工期索赔，不成立。

4. 实木门扇、铝合金窗、细木工板、瓷砖为 A 类材料，实木地板为 B 类材料。

（二）

1. 参见《混凝土结构工程施工质量验收规范》（GB 50204—2002）（2011 年版）。

钢筋的强屈比 = 拉强度实测值/屈服强度实测值 = 561 ÷ 460 = 1.22 < 1.25，不合格。

钢筋的屈强比（超屈比）= 屈服强度实测值/屈服强度标准值 = 460 ÷ 400 = 1.15 < 1.35，合格。

重量偏差 = （理论重量 – 实测重量)/理论重量 × 100% = (0.888 – 0.816) ÷ 0.888 × 100% = 8.1% > 8%，不合格。

2. 参见《混凝土结构工程施工质量验收规范》（GB 50204—2002）（2011 年版）。

错误之处：不应该有基础检查结果数据。

柱、梁、墙允许偏差合格率 = （10 – 3）÷ 10 = 70%。

剪力墙允许偏差合格率 = （10 – 2）÷ 10 = 80%。

层高允许偏差合格率 = （10 – 2）÷ 10 = 80%。

3. 涂饰工程的质量通病包括泛碱、咬色、流坠、疙瘩、砂眼、刷纹、漏涂、透底、起皮和掉粉。

4. 地下工程防水分为 4 级。

Ⅰ级防水的标准：不允许渗水，结构表面无湿渍。

防水混凝土验收时，需要检查防水混凝土的变形缝、施工缝、后浇带、穿墙管道、埋设件等设置和构造必须符合设计要求。

（三）

1. 根据《施工企业安全生产管理规范》（GB 50656—2011），企业主要负责人需要取得安全考核资格证书（A），专职安全生产管理人员需要取得安全考核资格证书（C）。

根据《建筑施工起重吊装工程技术规范》（J 1345—2012/JGJ 276—2012），起重机械安装拆卸工、起重信号工、起重机司机、司索工属于特种作业人员。

2. 重大危险源控制系统还应包括重大危险源的评价、重大危险源的安全报告、重大危险源的监察、事故应急救援预案。

3. 不妥之处一：双排脚手架连墙件被施工人员拆除了两处。

理由：双排脚手架连墙杆在施工过程中不能拆除。

不妥之处二：双排脚手架同一区段，上下两层的脚手板上堆放的材料重量均超过 3 kN/m²。

理由：根据《建筑施工扣件式钢管脚手架安全技术规范》（JGJ 130—2011，4.2.3），当在双排脚手架上同时有两个及以上操作层作业时，在同一跨距内各操作层的施工均布荷载标准值总和不得超过 5 kN/m²。

不妥之处三：每次大风、大雨后等情况下均进行了阶段检查和验收。

理由：遇有六级大风及以上风或大雨后进行检查和验收。

脚手架在下列情况下也要进行阶段检查和验收：

(1) 每搭设完 6~8 m 高度后。

(2) 作业层上施加荷载前。

(3) 停用超过一个月。

(4) 冻结地区解冻后。

(5) 遇有六级及以上风或大雨后。

4. 安全生产事故分为特别重大事故、重大事故、较大事故、一般事故。

本事故属于一般事故。

（四）

1. 不妥之处一：市建委指定了专门的招标代理机构。

理由：违反招投标法律法规的规定。任何单位和个人不得以任何方式为招标人指定招标代理机构。

不妥之处二：在投标期限内，先后有 A、B、C 三家单位对招标文件提出了疑问，建设单位以一对一的形式书面进行了答复。

理由：针对一家单位提出了疑问的回复应以书面形式通知到所有潜在投标人，不能一对一答复。

2. E 单位的中标造价为（16100 + 1800 + 1200）×（1 + 1%）×（1 + 3.413%）= 19949.40 万元。

根据工程项目不同建设阶段，建设工程造价可以分为如下 6 类：①投资估算；②概算造价；③预算造价；④合同价；⑤结算价；⑥决算价。

该中标造价属于合同价。

3. 建设单位预支付的安全文明施工费最低是 322×50% = 161.00 万元。本工程工期在一年以内，最低预支付该项费用的 50%。根据规定，建设单位与施工单位在施工合同中对安全防护、文明施工措施费用预付、支付计划未作约定或约定不明的，合同工期在一年以内的，建设单位预付安全防护、文明施工措施项目费用不得低于该费用总额的 50%；合同工期在一年以上的（含一年），预付安全防护、文明施工措施费用不得低于该费用总额的 30%，其余费用应当按照施工进度支付。

安全文明施工费包括临时设施费、环境保护费、安全防护费、文明施工费。

4. 《关于印发〈建筑施工企业安全生产管理机构设置及专职安全生产管理人员配备办法〉的通知》（建质〔2008〕91 号）第十条规定，建筑施工企业应当在建设工程项目组建安全生产领导小组。建设工程实行施工总承包的，安全生产领导小组由总承包企业、专业承包企业和劳务分包企业项目经理、技术负责人和专职安全生产管理人员组成。

5. 根据《最高人民法院关于建设工程价款优先受偿权问题的批复规定》（法释〔2002〕16 号），建设工程承包人行使优先权的期限为 6 个月，自建设工程竣工之日或者建设工程合同约定的竣工之日起计算。

E 单位诉讼成立。

建筑工程价款包括承包人为建设工程应当支付的工作人员报酬、材料款等实际支出的费用，不包括承包人因发包人违约所造成的损失。因此，可以行使的工程款优先受偿权是560 万元。

（五）

1. 土钉墙设计及构造应符合下列规定：

（1）土钉墙墙面坡度不宜大于 1:0.1。

（2）土钉必须和面层有效连接，应设置承压板或加强钢筋等构造措施，承压板或加强钢筋应与土钉螺栓连接或钢筋焊接连接。

（3）土钉的长度宜为开挖深度的 0.5~1.2 倍，间距宜为 1~2 m，与水平面夹角宜为5°~20°。

（4）土钉钢筋宜采用直尺 HRB335、HRB400 级钢筋，钢筋直径宜为 16~32 mm，钻孔直径宜为 70~120 mm。

（5）注浆材料宜采用水泥浆或水泥砂浆，其强度等级不宜低于 M10。

（6）喷射混凝土面层宜配置钢筋网，钢筋直径宜为 6~10 mm，间距宜为 150~300 mm；喷射混凝土强度等级不宜低于 C20，面层厚度不宜小于 80 mm。

（7）坡面上下段钢筋网搭接长度应大于 300 mm。

2. 现场文明施工应包括下列工作：

（1）进行现场文化建设。

（2）规范场容，保持作业环境整洁卫生。

（3）创造有序生产的条件。

（4）减少对居民和环境的不利影响。

3. 不妥之处一：一只手提式灭火器直接挂在工人宿舍外墙的挂钩上，其顶部离地面的高度为 1.6 m。

正确做法：手提式灭火器顶部离地面的高度应小于 1.50 m。

不妥之处二：燃气罐放置在通风良好的杂物间。

正确做法；燃气罐应单独设置存放间。

手提式灭火器放置方法还有：对于环境干燥、条件较好的场所，手提式灭火器可直接放在地面上；手提式灭火器还可以设置在托架上或消防箱内。

4. 监理工程师的做法不妥。

对有裂缝的砌体应按下列情况进行验收：

（1）对有可能影响结构安全性的砌体裂缝，应由有资质的检测单位检测鉴定，需返修或加固处理的，待返修或加固满足使用要求后进行二次验收。

（2）对不影响结构安全性的砌体裂缝，应予以验收；对明显影响使用功能和观感质量的裂缝，应进行处理。

5. 发现施工承包单位项目经理为二级注册建造师。为此，当地建设主管部门作出对施工总承包单位进行行政处罚的决定。妥当。

理由：本工程为大型建筑工业与民用建筑，应该由一级注册建造师担任项目经理。

于 10 月 21 日在当地建筑市场诚信信息平台上作出公示。妥当。

理由：不良行为记录信息的公布时间为行政处罚决定作出后 7 日内。

10 月 30 日将确认的不良行为记录上报了住房和城乡建设部。不妥当。

理由：各省、自治区、直辖市建设行政主管部门将确认的不良行为记录在当地发布之日起 7 日内报住房和城乡建设部。

2015 年《建筑工程管理与实务》真题答案与解析

一、单项选择题

1.【答案】A

【解析】本题考查的是建筑结构的可靠性。安全性指在正常施工和正常使用的条件下，结构应能承受可能出现的各种荷载作用和变形而不发生破坏；在偶然事件发生后，结构仍能保持必要的整体稳定性。例如，厂房结构平时受自重、吊车、风和积雪等荷载作用时，均应坚固不坏，而在遇到强烈地震、爆炸等偶然事件时，容许有局部的损伤，但应保持结构的整体稳定而不发生倒塌。

2.【答案】B

【解析】本题考查的是力偶、力矩的特性。力矩 = 力 × 力臂。力臂是力矩中心点 O 至力 p 的作用线的垂直距离。

3.【答案】C

【解析】本题考查的是建筑结构的构造要求。板的厚度与计算跨度有关，屋面板厚度一般不小于 60 mm，楼板厚度一般不小于 80 mm，板的支承长度不能小于规范规定的长度，楼板的保护层厚度一般为 15 ~ 30 mm。楼板受力钢筋直径常用 6、8、10、12 mm，间距不宜大于 250 mm。

4.【答案】B

【解析】本题考查的是水泥的性能和应用。普通硅酸盐水泥的代号为 P·O。

5.【答案】D

【解析】本题考查的是建筑钢材的力学性能。钢材在受力破坏前可以经受永久变形的性能，称为塑性。在工程应用中，钢材的塑性指标通常用伸长率表示。

6.【答案】C

【解析】本题考查的是混凝土外加剂的功能、种类与应用。改善混凝土拌合物流变性能的外加剂包括各种减水剂、引气剂和泵送剂等。

7.【答案】A

【解析】本题考查的是木材的基本知识。由于木材构造的不均匀性，木材的变形在各个方向上也不同：顺纹方向最小，径向较大，弦向最大。

8.【答案】D

【解析】本题考查的是岩土的工程性能。天然土经开挖后，其体积因松散而增加，虽经振动夯实，仍不能完全恢复到原来的体积，这种性质称为土的可松性。它是挖填土方时，计算土方机械生产率、回填土方量、运输机具数量、进行场地平整规划竖向设计、土方平衡调配的重要参数。

9.【答案】D

【解析】本题考查的是人工降低地下水位施工技术。真空（轻型）井点适于渗透系数为 0.1 ~ 20.0 m/d 的土以及土层中含有大量的细砂和粉砂的土或明沟排水易引起流沙、坍方等情况使用。喷射井点降水适于基坑开挖较深，降水深度大于 6 m，土渗透系数为 0.1～20.0 m/d 的填土、粉土、黏性土、砂土中使用。管井井点属于重力排水范畴，吸程高度受到一定限制，要求渗透系数较大（1.0～200.0 m/d）。

10. 【答案】A

【解析】本题考查的是模板工程。快拆支架体系的支架立杆间距不应大于 2 m。拆模时应保留立杆并顶托支承楼板，拆模时的混凝土强度可取构件跨度为 2 m，拆模时的最低强度为设计强度的 50%。

11. 【答案】B

【解析】本题考查的是混凝土冬期施工的受冻临界强度。冬期浇筑的混凝土强度等级等于或高于 C50 的，其受冻临界强度不宜低于设计强度等级的 30%。

12. 【答案】B

【解析】本题考查的是砖砌体工程。半盲孔多孔砖的封底面应朝上砌筑；马牙槎从每层柱脚开始，应先退后进；砌筑烧结普通砖、烧结多孔砖、蒸压灰砂砖、蒸压粉煤灰砖砌体时，砖应提前 1～2 d 适度湿润，严禁采用干砖或处于吸水饱和状态的砖砌筑。

13. 【答案】C

【解析】本题考查的是型钢混凝土组合结构的特点与应用。型钢混凝土构件的承载能力可以高于同样外形的钢筋混凝土构件的承载能力 1 倍以上，因而可以减小构件截面。

14. 【答案】C

【解析】本题考查的是钢筋工程。钢筋宜采用无延伸功能的机械设备进行调直，也可采用冷拉调直。钢筋除锈：一是在钢筋冷拉或调直过程中除锈，二是采用机械除锈机除锈、喷砂除锈、酸洗除锈和手工除锈等。钢筋弯折应一次完成，不得反复弯折。钢筋下料切断可采用钢筋切断机或手动液压切断器进行。

15. 【答案】A

【解析】本题考查的是玻璃幕墙工程施工方法和技术要求。幕墙开启窗的开启角度不宜大于 30°，开启距离不宜大于 300 mm。

16. 【答案】D

【解析】本题考查的是流水施工方法的应用。等节奏流水施工特点如下：

（1）所有施工过程在各个施工段上的流水节拍均相等。

（2）相邻施工过程的流水步距相等，且等于流水节拍。

（3）专业工作队数等于施工过程数，即每一个施工过程成立一个专业工作队，由该队完成相应施工过程所有施工任务。

（4）各专业工作队在各施工段上能够连续作业，施工段之间没有空闲时间。

17. 【答案】B

【解析】本题考查的是水泥砂浆防水层施工。冬期施工时，气温不应低于 5 ℃。

18. 【答案】A

【解析】本题考查的是铆焊设备的安全控制要点。气焊电石起火时必须用干砂或二氧化碳灭火器，严禁用泡沫、四氯化碳灭火器或水灭火。

19. 【答案】D

【解析】本题考查的是事故报告。自事故发生之日起 30 d 内，事故造成的伤亡人数发生变化的，应当及时补报。

20.【答案】B

【解析】本题考查的是装修材料的分类和分级。A 级为不燃，B_1 级为难燃，B_2 级为可燃，B_3 级为易燃。

二、多项选择题

21.【答案】BE

【解析】本题考查的是安全玻璃。钢化玻璃的特性包括机械强度高、弹性好、热稳定性好、碎后不易伤人、可发生自爆。

22.【答案】ABE

【解析】本题考查的是《安全检查评分表》和《模板支架检查评分表》。检查评定保证项目包括施工方案、支架基础、支架构造、支架稳定、施工荷载、交底与验收。一般项目包括杆件连接、底座与托撑、构配件材质、支架拆除。

23.【答案】BCDE

【解析】本题考查的是防火堵料。有机防火堵料又称可塑性防火堵料，它是以合成树脂为胶黏剂，并配以防火助剂、填料制成的。此类堵料在使用过程长期不硬化，可塑性好，容易封堵各种不规则形状的孔洞，能够重复使用，遇火时发泡膨胀，因此具有优异的防火、水密、气密性能。施工操作和更换较为方便，因此尤其适合需经常更换或增减电缆、管道的场合。

24.【答案】ABC

【解析】本题考查的是钢筋混凝土预制桩基础施工技术。当基坑不大时，打桩应逐排打设或从中间开始分头向四周或两边进行；对于密集桩群，从中间开始分头向四周或两边对称施打；当一侧毗邻建筑物时，由毗邻建筑物处向另一方向施打；当基坑较大时，宜将基坑分为数段，然后在各段范围内分别施打，但打桩应避免自外向内或从周边向中间进行，以避免中间土体被挤密，桩难以打入；或虽勉强打入，但使邻桩侧移或上冒；对基础标高不一的桩，宜先深后浅；对不同规格的桩，宜先大后小、先长后短。这样可使土层挤密均匀，以防止位移或偏斜。

25.【答案】BCDE

【解析】本题考查的是网架结构施工技术。网架节点形式有焊接空心球节点、螺栓球节点、板节点、毂节点、相贯节点。

26.【答案】ABE

【解析】本题考查的是防水混凝土。防水混凝土应连续浇筑，宜少留施工缝。当留设施工缝时，不应留在剪力最大处或底板与侧墙的交接处。防水混凝土应分层连续浇筑，分层厚度不得大于 500 mm，并应采用机械振捣，避免漏振、欠振和超振。防水混凝土冬期施工时，其入模温度不应低于 5 ℃。防水混凝土养护时间不得少于 14 d。

27.【答案】CD

【解析】本题考查的是职业病防范。混凝土振捣会导致的常见职业病有噪声致聋、手臂振动病。

28.【答案】ABE

【解析】本题考查的是建筑工程质量验收要求。地基与基础工程、主体结构工程、建筑节能工程在验收时需要施工单位技术、质量部门负责人参加。

29. 【答案】ABDE

【解析】本题考查的是绿色建筑与绿色施工。推广使用商品混凝土和预拌砂浆、高强钢筋和高性能混凝土，减少资源消耗。推广钢筋专业化加工和配送，优化钢结构制作和安装方案，装饰贴面类材料在施工前应进行总体排版策划，减少资源损耗。采用非木质的新材料或人造板材代替木质板材。

30. 【答案】ABC

【解析】本题考查的是施工现场消防管理。动火证当日有效并按规定开具，动火地点变换，要重新办理动火证手续；施工现场严禁吸烟；项目部应根据工程规模、施工人数，建立相应的消防组织，配备足够的义务消防员。易燃材料仓库应该设置在下风向；油漆料库与调料间应分开设置。

三、案例分析题

（一）

1. 施工总进度计划的内容包括编制说明，施工总进度计划表（图），分期（分批）实施工程的开、竣工日期及工期一览表，资源需要量及供应平衡表等（注：只需写出题目上缺少的即可）。

2. 调整后的施工进度计划网络图如下所示：

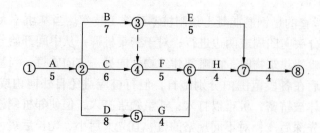

调整后的施工进度计划网络图

（注：只需要将 3—4 之间增加一个虚工作即可）

网络图中关键线路有两条，分别是 A→B→F→H→I 和 A→D→G→H→I。

总工期为 $T = 5 + 7 + 5 + 4 + 4 = 25$ 或 $T = 5 + 8 + 4 + 4 + 4 = 25$ 个月。

3.（1）事件工期索赔不成立。

理由：因为 C 为非关键工作，总时差为 1 个月，设计变更后导致工期延误 2 个月，对总工期影响只有 1 个月，所以，C 工作的工期索赔为 1 个月。

费用索赔成立。C 工作索赔费用 27.2 万元合理。

理由：因为设计变更是非承包商原因导致的承包商自身经济损失，承包商有权对建设单位提出费用索赔。

（2）事件工期索赔不成立。E 工作索赔 3 个月的工期不合理。

理由：因为 E 为非关键工作，总时差为 4 个月，不可抗力导致了工期延误 3 个月，延误时长未超过总时差,所以工期索赔不成立。

费用索赔不成立。E 工作索赔 32.7 万元费用不合理。

理由:在 32.7 万元中,有 8.2 万元是不可抗力导致施工设备损失的费用。在不可抗力后,施工单位人员和机械是损失,不能向建设单位索赔,需要施工单位自己承担。而 24.5 万元的清理和修复费用是可以索赔的,因为在不可抗力后的清理和维修费用,应该由建设单位承担。

4. 不需要组织专家论证,只需要编制模板工程专项施工方案。需要编制专项施工方案和组织专家论证的梁跨度分别为 10 m 以上、18 m 以上。

长度超过 4 m 的梁板应按照设计起拱,若设计无要求时,可以按照梁跨度的 1/1000~3/1000 起拱。因此,该梁跨中底模的起拱高度为 10.5~31.5 mm,最小起拱高度为 10.5 mm。

跨中混凝土的浇筑高度为 900 mm。

(二)

1. 高层钢结构安装前还应检查钢构件预检和配套、定位轴线及标高和地脚螺栓的检查、安装机械的选择、安装流水段的划分和安装顺序的确定等工作。

钢构件现场堆场具备的基本条件有:场地平整、坚实,无水坑、冰层;地面干燥,有较好的排水设施,同时车辆进出方便,方便起吊构件。

2. 建筑幕墙与各层楼板、隔墙外沿间的缝隙,应采用不燃材料封堵,填充材料可采用岩棉或矿棉,其厚度不应小于 100 mm,并应满足设计的耐火极限要求,在楼层间形成水平防火烟带。防火层应采用厚度不小于 1.5 mm 的镀锌钢板承托,不得采用铝板。承托板与主体结构、幕墙结构及承托板之间的缝隙应采用防火密封胶密封。

幕墙工程中有关安全和功能的检测项目有:硅酮结构胶的相容性试验,幕墙后置埋件的现场拉拔强度,幕墙的抗风压性能、空气渗透性能、雨水渗漏性能及平面变形性能。

3. 错误之处一:泛水高度为 200 mm。

正确做法:泛水高度至少为 350 mm。

错误之处二:阴阳角基层卷材防水为直角形式。

正确做法:阴阳角基层卷材做成 45°角或圆弧形。

错误之处三:女儿墙泛水处防水层没有做附加层。

正确做法:女儿墙泛水处防水层下应增设附加层,附加层在平面和立面的宽度均不应小于 250 mm。

错误之处四:压顶檐口下端未作处理。

正确做法:压顶檐口下端应做鹰嘴和滴水槽。

错误之处五:卷材收头未作处理。

正确做法:卷材收头应用金属压条钉压固定,并应用密封材料封严。

4. 保温隔热材料的导热系数、密度、抗压强度或压缩强度、燃烧性能应符合设计要求。对其检验时应核查质量证明文件及进场复验报告(复验应为见证取样送检)。并对保温材料的导热系数、密度、抗压强度或压缩强度,黏结材料的黏结强度,增强网的力学性能、抗腐蚀性能等进行复验。

不妥之处：施工单位项目负责人组织不妥。

正确做法：应该是总监理工程师组织。

不妥之处：组织参加的人员不妥当。

正确做法：设计单位项目负责人和施工单位技术、质量部门负责人应参加节能分部工程验收。

<h1 style="text-align:center">（三）</h1>

1. 本工程还应单独编制的专项施工方案包括深基坑支护工程、降水工程、土方开挖工程、模板工程及支撑体系、建筑幕墙安装工程。

2. "三违"还包括违章指挥、违反劳动纪律。

混凝土内支撑拆除还可以采用机械拆除、爆破拆除和静力破碎拆除等方法。

3. 不妥之处一：施工员进行安全技术交底。

正确做法：应由项目技术负责人或专业技术人员进行技术交底。

不妥之处二：在卸料平台三个侧边设置1200 mm高的固定式安全防护栏杆。

正确做法：应在卸料平台两侧设置固定的防护栏杆，底部设置200 mm高挡脚板。

楼层悬挑式钢质卸料平台必须符合下列规定：

（1）悬挑式钢平台应按现行的相应规范进行设计，其结构构造应能防止左右晃动，计算书及图纸应编入施工组织设计。

（2）悬挑式钢平台的搁支点与上部拉结点必须位于建筑物上，不得设置在脚手架等施工设备上。

（3）斜拉杆或钢丝绳构造上宜两边各设前后两道，两道中的每一道均应作单道受力计算。

（4）应设置4个经过验算的吊环，吊运平台时应使用卡环，不得使吊钩直接钩挂吊环。吊环应用甲类3号沸腾钢制作。

（5）钢平台安装时，钢丝绳应采用专用的挂钩挂牢，采取其他方式时卡头的卡子不得少于3个，建筑物锐角利口围系钢丝绳处应加衬软垫物，钢平台外口应略高于内口。

（6）钢平台左右两侧必须装置固定的防护栏杆。

（7）钢平台吊装，需待横梁支撑点电焊固定，接好钢丝绳，且调整完毕，经过检查验收后，方可松开起重吊钩，进行上下操作。

（8）钢平台使用时，应有专人进行检查，发现钢丝绳有锈蚀损坏应及时调换，焊缝脱焊应及时修复。

（9）操作平台上应显著地标明容许荷载值。操作平台上人员和物料的总重，严禁超过设计的容许荷载，应配备专人加以监督。

4. 施工单位对事故责任人的处理不妥。

理由：应由事故调查组提交对事故责任人的处理建议，由负责调查事故的人民政府作出批复，事故发生单位应当按照该批复，对本单位负有事故责任的人员进行处理。对事故责任者严格按照安全事故责任追究的法律法规的规定进行严肃处理，不仅要追究事故直接责任人的责任，同时要追究有关负责人的领导责任。

事故调查组还应有公安机关、劳动保障行政部门、工会和人民检察院派员参加。

（四）

1. 为配合建设单位办理施工许可证，总承包单位应编制的施工组织设计中有根据建筑工程特点制定的相应质量、安全技术措施，专业性较强的工程项目编制专项质量、安全施工组织设计。另外还需有施工现场总平面布置图、临时设施规划方案和已搭建情况，施工现场安全防护设施搭设（设置）计划、施工进度计划、安全措施费用计划，专项安全施工组织设计（方案、措施），拟进入施工现场使用的施工起重机械设备（塔式起重机、物料提升机、外用电梯）的型号、数量，工程项目负责人、安全管理人员及特种作业人员持证上岗情况，建设单位安全监督人员名册、工程监理单位人员名册，以及其他应提交的材料。

2. 不妥之处：项目经理编制了项目管理规划大纲和项目管理实施规划。

正确做法：项目管理规划大纲是总包单位领导层编制的文件，项目经理根据项目管理规划大纲编制项目管理实施规划。

编制《项目管理目标责任书》应依据下列资料：①项目合同文件；②组织的管理制度；③项目管理规划大纲；④组织的经营方针和目标。

3. 方案一：

采购费用 $= 320 \times 6 = 1920$ 元。

存储费用 $= 0.5 \times (1800 \div 6) \times 3500 \times 4‰ \times 6 = 12600$ 元。

采购费用和存储费用之和为 $1920 + 12600 = 14520$ 元。

方案二：

采购费用 $= 330 \times 3 = 990$ 元。

存储费用 $= 0.5 \times (1800 \div 3) \times 3450 \times 3‰ \times 6 = 18630$ 元。

采购费用和存储费用之和为 $990 + 18630 = 19620$ 元。

由此可见，方案一采购费用和储存费用之和较小，总承包单位应选择方案一。

现金流量表的内容应当包括经营活动、投资活动和筹资活动产生的现金流量。

4. 按 2013 年清单规范，考虑扣除暂列金额。

工程预付款为 $(31922.13 - 1000) \times 15\% = 30922.13 \times 5\% = 4638.32$ 万元。

工程预付款起扣点为 $(31922.13 - 1000) - 4638.32/65\% = 23786.25$ 万元。

总承包单位的钢筋资金占用费用可以索赔，利润和税金不能索赔。

5. 不妥之处一：劳务分包单位进场后进行备案工作。

正确做法：劳务分包单位进场前进行备案工作。

不妥之处二：木工班长代领工人工资。

正确做法：劳务公司将工资直接发给工人。

劳务公司还应将施工人员花名册、劳动合同文本、岗位技能证书的复印件及时报送总承包单位。

（五）

1. 项目资源管理还包括人力资源管理、机械设备管理、技术管理和资金管理。

资源管理计划应包括建立资源管理制度，编制资源使用计划、供应计划和处置计划，规定控制程序和责任体系。

2. 不妥之处一：材料加工场地布置在场外。

正确做法：材料加工场地布置在场内，应使材料和构件的运输量最小，垂直运输设备发挥较大的作用；有关联的加工厂适当集中。

不妥之处二：现场设置一个出入口。

正确做法：施工现场宜考虑设置两个以上大门。

不妥之处三：场地附近设置 3.8 m 宽环形载重单车道主干道（兼消防车道），并进行硬化，转弯半径 10 m。

正确做法：施工现场的主要道路应进行硬化处理，主干道应有排水措施。主干道宽度单行道不小于 4 m，双行道不小于 6 m，消防车道不小于 4 m，载重车转弯半径不宜小于 15 m。

不妥之处四：在干道外侧开挖 400 mm×600 mm 管沟，将临时供电线缆、临时用水管线置于管沟内。

正确做法：管网一般沿道路布置，供电线路应避免与其他管道设在同一侧，同时支线应引到所有用电设备使用地点。

施工现场主干道常用硬化方式有混凝土硬化，沥青路面硬化。

裸露的场地应采取覆盖、固化或绿化等措施。

3. 不妥之处：项目经理安排土建技术人员编制了《现场施工用电组织设计》，经相关部门审核，项目技术负责人批准、总监理工程师签认。

正确做法：《现场施工用电组织设计》必须由电气工程技术人员编制，相关部门审核，并经具有法人资格企业的技术负责人批准，现场监理签认后实施。

临时用电使用前参加验收的部门有编制部门、审核部门、批准部门和使用部门。

4. 在本工程中可以推广与应用的新技术有高强钢筋应用技术、钢筋焊接网应用技术、大直径钢筋直螺纹连接技术、无黏结预应力技术、有黏结预应力技术、索结构预应力施工技术、建筑用成型钢筋制品加工与配送技术、钢筋机械锚固技术。

5. 不符合规定之处一：经项目负责人安全验算后批准用塔吊起吊。

理由：应经企业技术负责人批准。

不符合规定之处二：起吊前先进行试吊，即将空调机组吊离地面 30 cm 后停止提升。

理由：将空调机组吊离地面 10 cm 后停止提升。

在试吊时应进行下列项检查：起重机的稳定性、制动器的可靠性、重物的平稳性、绑扎的牢固性。

2016 年《建筑工程管理与实务》真题答案与解析

一、单项选择题

1. 【答案】B

【解析】设计使用年限为 50 年的构件，混凝土强度等级不小于 C20。

2. 【答案】A

【解析】装修时不能自行改变原来的建筑使用功能。如若必要改变时，应该取得原设计单位的许可。

3. 【答案】B

【解析】简体结构是抵抗水平荷载最有效的结构体系。

4. 【答案】B

【解析】高强（大于 C50 级）混凝土优先使用硅酸盐水泥。

5. 【答案】A

【解析】非活性矿物掺合料基本不与水泥组分起反应，如磨细石英砂、石灰石、硬矿渣等材料。

6. 【答案】D

【解析】花岗石构造致密、强度高、密度大、吸水率极低、质地坚硬、耐磨，属酸性硬石材。

7. 【答案】B

【解析】板、次梁与主梁交叉处，板的钢筋在上，次梁的钢筋居中，主梁的钢筋在下；当有圈梁或垫梁时，主梁的钢筋在上。

8. 【答案】D

【解析】填土应从场地最低处开始，由下而上整个宽度分层铺填。每层虚铺厚度应根据夯实机械确定。

9. 【答案】D

【解析】防火涂料按厚度可分为 CB、B 和 H 3 类。

10. 【答案】C

【解析】硬聚氯乙烯（PVC－U）管用于给水管道（非饮用水）、排水管道、雨水管道。

11. 【答案】C

【解析】暗龙骨吊顶的施工流程：放线→画龙骨分档线→安装水电管线→安装主龙骨→安装副龙骨→安装罩面板→安装压条。

12. 【答案】D

【解析】因地基不均匀下沉引起的墙体裂缝现象如下：

（1）在纵墙的两端出现斜裂缝，多数裂缝通过窗口的两个对角。

（2）在窗间墙的上下对角处成对出现水平裂缝。

（3）在纵墙中央的顶部和底部窗台处出现竖向裂缝。

13.【答案】C

【解析】特别潮湿场所、导电良好的地面、锅炉或金属容器内的照明，电源电压不得大于 12 V。

14.【答案】B

【解析】投标人少于 3 个的，招标人应当依法重新招标。

15.【答案】B

【解析】在正常使用条件下，住宅室内装饰装修工程的最低保修期限为 2 年；有防水要求的厨房、卫生间和外墙面的防渗漏，最低保修期限为 5 年。保修期自住宅室内装饰装修工程竣工验收合格之日起计算。

16.【答案】A

【解析】氡是一种无色、无味、无法察觉的惰性气体。水泥、砖、砂、大理石、瓷砖等建筑材料是氡的主要来源，地质断裂带处也会有大量的氡析出。

17.【答案】B

【解析】钢筋进场时，应按国家现行相关标准的规定抽取试件作屈服强度、抗拉强度、伸长率、弯曲性能和重量偏差检验（成型钢筋进场可不检验弯曲性能），检验结果应符合相应标准的规定。

18.【答案】D

【解析】现场宿舍必须设置可开启式窗户，现场食堂必须办理卫生许可证，炊事人员必须持身体健康证上岗；施工现场必须实施封闭管理。办公区、生活区、生产区宜分区域设置。

19.【答案】C

【解析】实施规划是在开工之前，由项目经理主持编制的，旨在指导项目经理实施阶段管理的文件。

20.【答案】A

【解析】施工单位应当对进入施工现场的墙体材料、保温材料、门窗、采暖制冷系统和照明设备进行查验；不符合施工图设计文件要求的，不得使用。

二、多项选择题

21.【答案】CDE

【解析】电影院、剧场、体育馆、商场、医院、旅馆和大中学校等楼梯最小宽度为 0.28 m。

22.【答案】BE

【解析】建筑石膏的技术性能如下：

（1）凝结硬化快。

（2）硬化时体积微膨胀。

（3）硬化后孔隙率高。

（4）防火性能好。

（5）耐水性和抗冻性差。

23.【答案】CDE

【解析】节能装饰型玻璃包括着色玻璃、镀膜玻璃（包括低辐射镀膜玻璃，又称"Low‐E"玻璃）、中空玻璃、真空玻璃。

24.【答案】BE

【解析】当基坑底为隔水层且层底作用有承压水时，应进行坑底突涌验算。必要时可采取水平封底隔渗或钻孔减压措施，保证坑底土层稳定，避免突涌的发生。

25.【答案】ABC

【解析】砂浆应采用机械搅拌，搅拌时间自投料完算起。

（1）水泥砂浆和水泥混合砂浆，不得少于 2 min。

（2）水泥粉煤灰砂浆和掺用外加剂的砂浆，不得少于 3 min。

砂浆强度由边长为 7.07 cm 的正方体试件，经过 28 d 标准养护，测得一组三块的抗压强度值来评定，同盘砂浆只应制作一组试块。

26.【答案】ACE

【解析】无黏结预应力施工的特点是不需预留孔道和灌浆，施工简单等。主要工作是无黏结预应力筋的铺设、张拉和锚固区的处理。

27.【答案】ABCE

【解析】卷材防水层施工时，应先进行细部构造处理，然后由屋面最低标高向上铺贴，卷材宜平行屋脊铺贴，上下层卷材不得相互垂直铺贴，立面或大坡面铺贴卷材时，应采用满粘法，上下层卷材长边搭接缝应错开，且不应小于幅宽的1/3。

28.【答案】ABC

【解析】主体结构主要包括混凝土结构、砌体结构、钢结构、钢管混凝土结构、型钢混凝土结构、铝合金结构、木结构等子分部工程。

29.【答案】BCD

【解析】塔式起重机按固定方式进行分类可分为固定式、轨道式、附墙式、内爬式。

30.【答案】ABCD

【解析】混凝土在高温施工环境下施工，可采取的措施有在早间施工、在晚间施工、喷雾、连续浇筑。

三、案例分析题

（一）

1. 错误之一：灌注时桩顶混凝土面超过设计标高 500 mm。

正确做法：水下灌注时桩顶混凝土面标高到少要比设计标高超灌 0.8～1.0 m。

错误之二：成桩后按总桩数的 20% 对桩身质量进行检验。

正确做法：对设计等级为甲级或地质条件复杂，成桩质量可靠性低的灌注桩，抽检数量不应少于总数的 30%，且不应少于 20 根。

2. 当变形量发生异常后，第三方监测机构必须立即报告委托方，同时应及时增加观测次数或调整变形测量方案。

当建筑变形观测过程中发生下列情况之一时，必须立即报告委托方：

（1）变形量或变形速率出现异常变化。

（2）周边或开挖面出现塌陷、滑坡情况。

（3）变形量达到或超出预警值。

（4）由于地震、暴雨、冻融等自然灾害引起的其他异常变形情况。

3. 横道图如下：

施工过程	施工进度（周）																				
	1	2	3	4	5	6	7	8	9	10	11	12	13	14	15	16	17	18	19	20	21
工序①																					
工序②																					
工序③																					

4. 索赔一：建设单位采购的材料进场复检结果不合格，施工单位提出费用索赔 8 万元成立。

理由：这是属于建设单位的责任，发包人未按照约定的时间和要求提供原材料、设备、场地、资金、技术、资料的，承包人可以顺延工程日期，且在索赔时限内，因此有权要求赔偿停工、窝工等损失。

索赔二：施工单位对剥离检验及恢复发生的费用索赔 4 万元成立。

理由：无论何时甲方提出对工程部位进行剥离检验的要求时，乙方应按要求进行剥离；若剥离检查无问题，且在索赔时限内，施工方因此产生的费用损失可以索赔。

（二）

1. 监理工程师同意地下室顶板拆模不正确。

地下室顶板预应力梁拆除底模及支架的前置条件如下：

（1）底模应该在预应力张拉后拆除。

（2）底模及支架拆除时的混凝土强度应符合同条件养护试件的强度要求。

（3）经过项目技术负责人的批准。

（4）有孔道灌浆的，灌浆强度不应低于 C30。

2. 本质量事故属于一般事故。

不妥之处一：现场有关人员立即向本单位负责人报告。

正确做法：现场有关人员应立即向工程建设单位负责人报告。

不妥之处二：并在规定的时间内逐级上报至市（设区）级人民政府住建主管部门。

正确做法：工程建设单位负责人接到报告后，应于 1 h 内向事故发生县级以上人民政府住房和城乡建设主管部门及有关部门报告。

质量事故报告还应包括以下内容：

（1）事故的初步原因。

（2）事故报告联系人及联系方式。

（3）其他应报告的情况。

3. 还应有首次采用的钢材、焊接材料、焊接方法、焊接位置等需要进行焊接工艺评定。

4. 不妥之处一：进场的小砌块产品期达到 21 d 后，即开始浇水湿润，待小砌块表面出现浮水后，开始砌筑施工。

正确做法：进场的小砌块产品龄期不小于 28 d，不需对小砌块浇水湿润，如遇天气干燥炎热，宜在砌筑前对其喷水湿润。

不妥之处二：小砌块的搭接长度为块体长度的 1/3。

正确做法：单排孔小砌块的搭接长度应为块体长度的 1/2。

不妥之处三：竖向灰缝的砂浆饱满度为 85%。

正确做法：竖向灰缝的砂浆饱满度不得低于 90%。

不妥之处四：填充墙砌筑 7 d 后进行顶砌施工。

正确做法：填充墙梁口下最后 3 皮砖应在下部墙砌完 14 d 后砌筑。

不妥之处五：在部分墙体上留置了净宽度为 1.2 m 的临时施工洞口。

正确做法：墙体上留置临时施工洞口，其侧边离交接处墙面不应小于 500 mm，洞口净宽度不应超过 1 m。

（三）

1. 本工程应至少配备 2 名专职安全员。

专职安全员的配备妥当。

理由：依据相关规定，建筑面积在 10000 ～ 15000 m² 之间的应配备 2 名专职安全员，本工程建筑面积 15000 m²，理应配备 2 名，本工程配备了 3 名，因此妥当。

2. 专业分包单位应：

（1）成立防汛应急领导小组并明确职责。

（2）按应急专业队伍的职责要求，成立应急队伍，并对应急物资进行学习使用。

（3）进行应急人员的专项培训。

（4）应结合实际情况开展一次防汛专项的应急演练。

3. 不妥之处一：横向扫地杆应在纵向扫地杆下部。

不妥之处二：当立杆的基础不在同一高度上时，必须将高出的纵向扫地杆向低处延长两跨与立杆固定，本图中，高出的纵向扫地杆只向低处延长了一跨。

不妥之处三：脚手架的步距一般不超过 1.8 m，而本图中低处脚手架的最下一步步距为 2.3 m。

不妥之处四：该脚手架宜采用刚性连墙件与建筑物可靠连接，亦可采用钢筋与顶撑配合使用的附墙方式，严禁使用只有钢筋的柔性连墙件。

不妥之处五：立杆除最上一步外，不应采用搭接的方式，而应采用对接，本图中采用了搭接。

不妥之处六：立杆与地面连接处要设置垫板，本图中有部分立杆与地面接触处没有设置垫板。

不妥之处七：主节点处必须设置一根横向水平杆，本图中有部分主节点处没有设置横向水平杆。

4. 现场高处作业检查的项目还应补充临边防护、洞口防护、通道口防护、攀登作业、悬空作业、移动式操作平台。

（四）

1. 双方签订合同的行为违法。

双方签订的合同 A 有效。

施工单位遇到此类问题时，应把握关于工期、质量、造价的约定是否符合招标、中标文件，还应把握工程进度拨款和竣工结算程序是否与招、中标文件相悖。

2. 工程图纸会审还应有设计单位、施工单位参加。

项目经理部进行图纸交底的目的是：

（1）明确存在重大质量风险源的关键部位或工序，提出风险控制要求或工作建议。

（2）使具体的作业者和管理者明确计划的意图和要求掌握质量标准及其实现的程序与方法。

（3）在质量活动的实施过程中，要求严格执行计划的行动方案，规范行为，把质量管理计划的各项规定和安排落实到具体的资源配置和作业技术活动中去。

3. 项目经理部制定项目成本计划的依据包括：①合同文件；②项目管理实施规划；③可研报告和相关设计文件；④市场价格信息；⑤相关定额；⑥类似项目的成本资料。

施工至第 8 个月时项目累计净现金流量为正，该月累计的净现金流量是 425 万元。

4. 截至 2014 年 12 月末，本项目的合同完工进度是 100%。

建造合同收入为 23500 + 146 + 135.36 = 23781.36 万元。

资金供应需要考虑：①可能的资金总供应量；②资金来源；③资金供应时间。

5. 招标单位应对工程量清单的完整性和准确性负责。

除工程量清单漏项外，工程量偏差、工程变更也可以调整清单所列工程量。

报价浮动率 $L = (1 - 中标价/招标控制价) \times 100\% = (1 - 23500 \div 25000) \times 100\% = 6\%$。

一楼公共区域楼地面面层综合单价为 $1200 \times (1 - L) = 1128$ 元/m^2。

总价为 $1200\ m^2 \times 11280\ 元/m^2 = 135.36$ 万元。

6. 施工总承包单位还应向建设单位提交以下文件：

（1）施工单位签署的工程质量保证书。

（2）住宅质量保证书。

（3）住宅使用说明书。

（4）法规规章规定必须提供的其他文件。

（五）

1. 不妥之处一：本工程项目经理组织编制了施工组织设计，经分公司技术部经理审核后，报分公司总工程师（公司总工程师授权）审批。

正确做法：应由工程项目经理审核，报公司总工程师审批。

不妥之处二：由项目技术部经理主持编制外脚手架（落地式）施工方案，经项目总工程师审批。

正确做法：应由工程项目经理、项目技术负责人或项目专业技术方案师牵头进行编制，报公司质量、技术、安全部门专业技术人员审核后，报公司总工程师和总监理工程师审批。

不妥之处三：专业承包单位组织编制塔吊安装拆卸方案，按规定经专家论证后，报施工总承包单位总工程师、总监理工程师、建设单位负责人签字批准实施。

正确做法：经专家论证后，应报总承包单位技术负责人及专业承包单位技术负责人、总监理工程师、建设单位负责人签字批准实施。

2. 不妥之处一：消火栓设在施工道路内侧，距路中线 5 m。

正确做法：消火栓距路边不应大于 2 m。

不妥之处二：消火栓在建住宅楼外边线距道路中线 9 m。

正确做法：消火栓距拟建房屋不小于 5 m，且不大于 25 m。

建筑工程消防用水量取 10 L/s，建筑面积小于 50000 m^2，且 $q_1 + q_2 + q_3 + q_4 < q_5$，则 $Q = q_5 = 10$ L/s，又因为漏水损失为 10%，则施工现场总用水量为 $10 \times (1 + 10\%) = 11$ L/s。

施工用水主管的计算管径为 $\sqrt{\dfrac{4Q}{\pi v 1000}} = \sqrt{\dfrac{4 \times 11}{3.14 \times 1.6 \times 1000}} = 93.58$ mm。

3. 不妥之处一：各层各留一组 C30 混凝土同条件养护试件。

正确做法：每次取样应至少留置一组标准养护试件，同一强度等级的同条件养护试件，其留置数量应根据混凝土工程量和重要性来确定，不宜少于 10 组，且不应少于 3 组。

不妥之处二：脱模后放置在下一层楼梯口处。

正确做法：脱模后应放置在浇筑地点旁边。

第 5 层 C30 混凝土同条件养护试件的强度代表值是 C25。

4. 不妥之处一：塔吊基础为 6 m × 60 m × 0.9 m，混凝土强度等级为 C20。

正确做法：塔吊基础高度不应小于 1 m，混凝土强度等级不低于 C25。

不妥之处二：施工单位仅对地基承载力进行计算。

正确做法：塔吊的轨道基础和混凝土基础必须经过设计验算，验收合格后方可使用。

5. 项目所在地建设行政主管部门对施工企业诚信行为记录的管理内容有工程质量和安全、合同履行、社会投诉、不良行为。

企业工商注册所在地建设行政主管部门对施工企业诚信行为记录的管理内容有企业基本情况、资质、业绩、工程质量和安全、社会投诉。